本書の使い方

- 本書は、iPhoneの操作に関する質問に、Q&A方式で回答しています。
- 画面を使った操作の手順を追うだけで、iPhoneの操作がわかるようになっています。

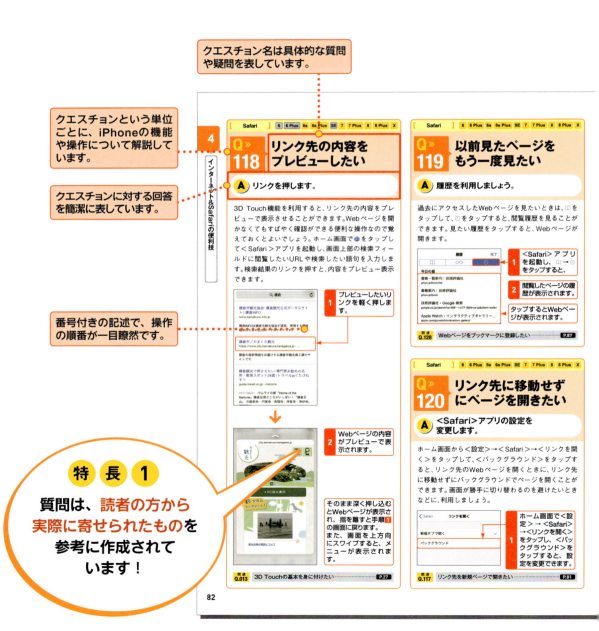

クエスチョン名は具体的な質問や疑問を表しています。

クエスチョンという単位ごとに、iPhoneの機能や操作について解説しています。

クエスチョンに対する回答を簡潔に表しています。

番号付きの記述で、操作の順番が一目瞭然です。

特長 1
質問は、**読者の方から実際に寄せられたもの**を参考に作成されています！

特長 2
やわらかい上質な紙を使っているので、**開いたら閉じにくい！**

本書籍が対応するiPhoneのバージョン
本書籍は、以下のiPhoneに対応しています。

- iPhone 6
- iPhone 6 Plus
- iPhone 6s
- iPhone 6s Plus
- iPhone SE
- iPhone 7
- iPhone 7 Plus
- iPhone 8
- iPhone 8 Plus
- iPhone X

クエスチョンの分類分けを示しています。

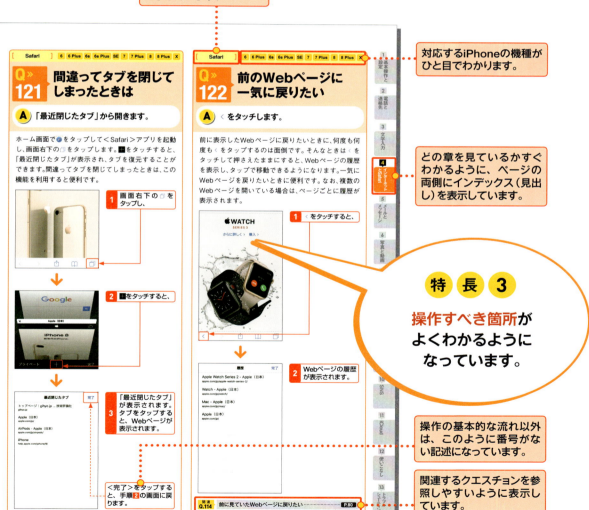

対応するiPhoneの機種がひと目でわかります。

どの章を見ているかすぐわかるように、ページの両側にインデックス（見出し）を表示しています。

特長 3
操作すべき箇所がよくわかるようになっています。

操作の基本的な流れ以外は、このように番号がない記述になっています。

関連するクエスチョンを参照しやすいように表示しています。

より使いやすくなったiOS 11 搭載！

iPhone 8/8 PlusとiPhone Xで あなたの日常はこう変わる！

相次いで新たに登場したiPhone 8／8 PlusとiPhone X。ディスプレイの美しさや処理性能が向上しているだけでなく、搭載する最新のiOS 11と画期的なボディ設計によって、これまでにない便利で魅力的な新機能が使えるようになりました。注目の新機能を、まずはチェックしてみましょう。

ワイヤレスですばやく充電

iPhone 8／8 PlusとiPhone Xはワイヤレス充電に対応（Q.010参照）。Qi規格対応のワイヤレス充電マット（別売）を使用することにより、マットの上に置くだけで瞬時に充電を開始できます。

刷新されたコントロールセンター

iOS 11ではコントロールセンターのデザインが一新され、自由にカスタマイズ可能に（Q.037参照）。よく使用する設定項目を表示しておけば、利便性はさらにアップします。3D Touchにも対応しており、あらゆる設定をスピーディに行えます。

Face IDによる顔認証

ゆっくりと頭を動かして円を描いてください。

iPhone Xではこれまでの指紋認証「Touch ID」に代わり、新しく顔認証「Face ID」が採用されました（Q.363参照）。あらかじめユーザーの顔を登録しておけば、iPhoneの画面を見つめるだけですばやくロックを解除できます。

アニ文字で声と動きが伝わる

iPhone Xに搭載されたTrueDepthカメラにより、＜メッセージ＞アプリで「アニ文字」という躍動感のある絵文字の使用が可能に（Q.170参照）。声と表情の動きをキャラクターに反映できるため、これまでにない豊かなコミュニケーションが楽しめます。

iPhone X の代表的ジェスチャー

iPhone X ではホームボタンが廃止され、四隅まで画面が拡張されたオールスクリーンディスプレイになりました。これにともない、従来の iPhone と異なるジェスチャーがいくつか採用されています。iPhone X 独自の代表的なジェスチャーを確認しておきましょう。

ホーム画面を表示する
ホーム画面を表示するには、画面下部を上方向にスワイプします。

スワイプする

コントロールセンターを表示する
コントロールセンターを表示するには、画面右上を下方向にスワイプします。

スワイプする

最近使用したアプリを表示する
最近使用したアプリを表示するには、画面下部を上方向にスワイプし、途中で指を止めます。

❷ 止める
❶ スワイプする

Siri を起動する
Siri を起動するには、サイドボタンを長押しします。

長押しする

スクリーンショットを撮る
スクリーンショットを撮るには、サイドボタンと音量ボタンの上を同時に押して離します。

同時に押して離す

電源をオフにする
電源をオフにするには、サイドボタンと音量ボタンの上か下を長押しします。

サイドボタンと音量ボタンのいずれかを長押しする

第1章 基本操作&設定の便利技

Question »

- 001 iPhoneで何ができるの？ ……20
- 002 iPhoneにはどんな種類があるの？ ……20
- 003 iPhoneを利用するのに必要なものは？ ……21
- 004 iPhoneの料金プランを知りたい ……21
- 005 iPhoneに接続できる周辺機器は？ ……22
- 006 使い方がわからないときはどうすればいい？ ……22
- 007 au、ソフトバンク、ドコモのiPhoneに違いはあるの？ ……23
- 008 iPhoneの各部名称が知りたい ……24
- 009 iPhoneを充電したい ……25
- 010 iPhoneをワイヤレス充電したい ……25
- 011 タッチ操作の基本を身に付けたい ……26
- 012 3D Touchって何？ ……26
- 013 3D Touchの基本を身に付けたい ……27
- 014 クイックアクションを利用したい ……27
- 015 iPhoneを新規にセットアップするには ……28
- 016 iPhoneの電源をオフにするには ……30
- 017 iPhoneを使わないときは電源を切るべき？ ……30
- 018 iPhoneをスリープモードにしたい ……31
- 019 スリープモードを解除したい ……31
- 020 ロック画面を解除したい ……31
- 021 自動ロックの時間を変更したい ……32
- 022 ロック画面に通知が表示されたら？ ……32
- 023 iPhoneを回転しても画面を固定したい ……33
- 024 ウィジェットを利用するには ……33
- 025 音量を上げたい／下げたい ……34
- 026 ホーム画面を表示したい ……35
- 027 ホーム画面のアイコン配置を変えるには ……35
- 028 ホーム画面にフォルダを作りたい ……36
- 029 フォルダ名は変更できるの？ ……36
- 030 アプリを起動するには ……37
- 031 アプリを切り替えるには ……37
- 032 壁紙を変更したい ……38
- 033 タップやロック時の音を消したい ……38
- 034 コントロールセンターって何？ ……39
- 035 通知の表示内容を変更したい ……39
- 036 画面の明るさを変更したい ……40
- 037 コントロールセンターをカスタマイズしたい ……40
- 038 iPhone全体を検索したい ……41

- 039　Spotlight検索を使いやすくカスタマイズしたい……41
- 040　「位置情報サービス」って何？……42
- 041　機内モードって何？……42

第2章　電話&連絡先の便利技

Question >>
- 042　電話をかけたい……44
- 043　かかってきた電話に出たい……44
- 044　電話に出たくない……44
- 045　着信音を変更したい……45
- 046　着信音の音量は調節できるの？……45
- 047　着信音が鳴らないようにしたい……46
- 048　着信時に着信音をその場で消したい……46
- 049　通話中の電話を保留にしたい……46
- 050　就寝中は電話着信を拒否したい……47
- 051　ホーム画面からすばやく電話をかけるには……47
- 052　お気に入りの曲を着信音に設定したい……47
- 053　バイブレーションの種類を詳細に設定したい……48
- 054　履歴からリダイヤルしたい……48
- 055　特定の相手から電話がかかってこないようにしたい……49
- 056　非通知の相手からの着信を拒否したい……49
- 057　着信履歴から連絡先に登録したい……50
- 058　着信履歴を削除したい……51
- 059　連絡先を編集したい……51
- 060　連絡先に項目を追加したい……52
- 061　通話中にiPhoneの操作はできる？……52
- 062　受話音量を調節したい……52
- 063　スピーカーを使って通話したい……52
- 064　割込通話を利用したい（au）……53
- 065　割込通話を利用したい（ソフトバンク）……53
- 066　割込通話を利用したい（ドコモ）……53
- 067　割込通話に応答したい……54
- 068　割込通話に応答したくない……54
- 069　留守番電話を確認したい……54
- 070　留守番電話メッセージを削除したい……55
- 071　削除したメッセージをもとに戻したい……55
- 072　オリジナルの応答メッセージを設定したい……56
- 073　かかってきた電話を転送したい……57
- 074　非通知で電話をかけたい……58
- 075　自分の電話番号を確認したい……58

第3章 文字入力の便利技

Question >>
- 076 iPhoneで使えるキーボードの種類は？ ……60
- 077 キーボードの種類を増やしたい ……60
- 078 キーボードの種類を切り替えたい ……61
- 079 日本語かな入力で日本語を入力したい ……61
- 080 フリック入力がしたい ……62
- 081 日本語ローマ字キーボードを追加したい ……62
- 082 日本語ローマ字入力で日本語を入力したい ……63
- 083 漢字に変換したい ……64
- 084 変換候補に目的の文字が見つからない ……64
- 085 変換履歴を消したい ……64
- 086 文章をコピー&ペーストしたい ……65
- 087 文字を削除したい ……65
- 088 長い文章をまとめて選択したい ……66
- 089 目的の場所に文字を挿入したい ……66
- 090 3D Touchでカーソルを移動したい ……67
- 091 アルファベットを入力したい ……68
- 092 数字や記号を入力したい ……68
- 093 記号を全角で入力したい ……69
- 094 絵文字を入力したい ……69
- 095 顔文字を入力したい ……69
- 096 間違って入力した英単語を修正したい ……70
- 097 直前の入力操作をキャンセルしたい ……70
- 098 よく使う単語をかんたんに入力したい ……71
- 099 自作の顔文字を登録したい ……71
- 100 音声で文字を入力できる？ ……72
- 101 必要ないキーボードを削除したい ……72
- 102 大文字が勝手に入力されるのを止めたい ……72
- 103 キーボードの操作音が鳴らないようにしたい ……72

第4章 インターネット&Safariの便利技

Question >>
- 104 無線LANを使うには何が必要？ ……74
- 105 自宅で無線LANに接続するには ……74
- 106 公衆無線LANサービスを利用したい ……75
- 107 au Wi-Fi SPOTに接続したい ……76

108	ソフトバンク Wi-Fi スポットに接続したい	77
109	docomo Wi-Fi に接続したい	77
110	テザリングを利用したい	78
111	モバイルデータ通信を制限するには	78
112	Safari で Web ページを見たい	79
113	Web ページの表示を拡大・縮小したい	79
114	前に見ていた Web ページに戻りたい	80
115	表示している Web ページを更新したい	80
116	Web ページの文章だけを読みたい	81
117	リンク先を新規ページで開きたい	81
118	リンク先の内容をプレビューしたい	82
119	以前見たページをもう一度見たい	82
120	リンク先に移動せずにページを開きたい	82
121	間違ってタブを閉じてしまったときは	83
122	前の Web ページに一気に戻りたい	83
123	履歴を残さずにインターネットを利用したい	84
124	Safari で広告をブロックしたい	85
125	Web ページ内の文字を検索したい	85
126	Web ページ内の単語の意味を調べたい	86
127	検索エンジンを変更したい	86
128	Web ページをブックマークに登録したい	87
129	ホーム画面にリンクを作成したい	87
130	リーディングリストに Web ページを登録したい	87
131	リーディングリストの中の Web ページを見たい	88
132	閲覧履歴と検索履歴を消去したい	88

第 5 章 メール&メッセージの便利技

Question ≫	133	iPhone で使えるメールはどんなものがあるの？	90
	134	SMS、MMS、iMessage はどうやって切り替えるの？	91
	135	SMS、MMS、iMessage ってお金がかかるの？	91
	136	E メールのアドレスを変更したい（au）	92
	137	E メール（i）のアドレスを変更したい（ソフトバンク）	94
	138	ドコモメールのアドレスを変更したい（ドコモ）	96
	139	Web メールのアカウントを設定したい	98
	140	PC メールのアカウントを設定したい	99
	141	会社のメールを iPhone で読みたい	99
	142	いつも使うメールアカウントを変更したい	100
	143	迷惑メールを制限したい	100

9

Contents

144 メールを送りたい ･････････････････････････ 101
145 ホーム画面からすばやくメールを作成したい ･･･････ 101
146 メールに写真を添付したい ･･････････････････ 101
147 メールで Cc や Bcc を使いたい ･････････････ 102
148 メールで署名を使いたい ･･･････････････････ 102
149 作成途中のメールを保存したい ･･･････････････ 103
150 特別なメールボックスを表示するには ･････････ 103
151 別のアカウントでメールを送信したい ･････････ 103
152 メールを削除したい ･････････････････････ 104
153 削除したメールをもとに戻せる？ ･･･････････ 104
154 複数のメールをまとめて既読にしたい ･････････ 104
155 メールの添付ファイルを開きたい ･･･････････ 105
156 添付ファイルを開くアプリを指定したい ･･･････ 105
157 添付された画像ファイルを保存したい ･････････ 105
158 メールに返信したい ･････････････････････ 106
159 メールの一部を引用して返信するには ･････････ 106
160 メールを転送したい ･････････････････････ 106
161 メール内のリンクをすばやく確認したい ･･･････ 107
162 受信メールから連絡先に登録したい ･･･････････ 107
163 写真や動画を手早くメールに添付するには ･･････ 107
164 自動的に画像を読み込まないようにしたい ･･････ 108
165 iMessage を利用したい ･･･････････････････ 108
166 メッセージの発信元を電話番号からアドレスに変えたい ･･･ 108
167 新しいメッセージを送りたい ･･･････････････ 109
168 相手がメッセージを見たかどうか知りたい ･････ 110
169 メッセージに写真や動画を添付したい ･････････ 110
170 アニ文字を使いたい ･････････････････････ 110
171 添付された複数の写真を閲覧したい ･･･････････ 111
172 メッセージに返信したい ･････････････････ 111
173 手書きメッセージを送りたい ･･････････････ 112
174 リアクション付きのメッセージを送りたい ･････ 112
175 ロック画面からすばやく返信したい ･･･････････ 113
176 メッセージを削除したい ･････････････････ 113
177 メッセージの相手を連絡先に追加したい ･･･････ 114
178 メッセージ機能をオフにしたい ･･･････････････ 114
179 連絡先別にメッセージの着信音を設定したい ････ 114

第 6 章 写真&動画の便利技

Question >>

180	iPhoneで写真を撮りたい	116
181	iPhoneの2つのカメラの違いは？	116
182	カメラをすばやく起動するには	117
183	ズームして写真を撮りたい	117
184	セルフタイマーを使うには	117
185	ピントや露出を固定するには	117
186	パノラマ写真を撮るには	118
187	HDR撮影がしたい	118
188	撮影時にグリッドを表示したい	118
189	写真に位置情報を付加したくない	119
190	最新の写真をすばやく見たい	119
191	撮った写真をプレビュー表示したい	120
192	撮った写真をあとで閲覧したい	120
193	iPhoneをデジタルフォトフレームにしたい	121
194	ほかのアプリで写真を開きたい	121
195	Live Photosでできること	121
196	写真を削除したい	122
197	写真をまとめて削除したい	122
198	削除した写真をもとに戻したい	122
199	複数の写真をまとめてメールで送りたい	123
200	撮った写真を壁紙に設定したい	123
201	撮った写真を連絡先に設定したい	124
202	撮影した写真を編集するには	124
203	写真をトリミングしたい	124
204	写真を補正したい	125
205	写真の明るさやコントラストを調整したい	125
206	写真をお気に入りに追加したい	125
207	編集をキャンセルしたい	126
208	編集後の写真をもとに戻したい	126
209	新しいアルバムを作りたい	127
210	アルバムに写真を移したい	127
211	アルバムを並べ替えたい	128
212	アルバムを削除したい	128
213	iPhoneの動画や写真をパソコンに取り込みたい	129
214	マイフォトストリームって何？	130
215	マイフォトストリームに保存できる枚数は？	130
216	マイフォトストリームを無効にしたい	130
217	マイフォトストリームの写真を削除したい	131

218	マイフォトストリームの写真を保存したい	131
219	自分の写真を撮影したい	132
220	iPhoneで動画を撮影したい	132
221	撮影した動画をすぐに再生したい	133
222	撮影した動画をあとで再生したい	133
223	タイムラプス動画を撮影したい	134
224	動画の解像度や画質を設定するには	134
225	4K動画を撮影するには	135
226	撮影した動画を途中から再生したい	135
227	動画をトリミングしたい	136
228	動画を削除したい	137
229	AirDropって何？	137
230	写真や動画を送信したい	138
231	ピープル&メモリーを活用したい	138

第7章 音楽&Apple Musicの便利技

Question ≫			
	232	iTunes Storeにアクセスするには	140
	233	iTunes Storeで曲を購入したい	140
	234	iTunes Storeで試聴したい	141
	235	iPhoneに曲を取り込みたい	141
	236	音楽を再生したい	142
	237	イヤホンやヘッドフォンで音楽を聴きたい	142
	238	お気に入りの曲を好きな順番で再生したい	143
	239	リピート再生やランダム再生は使えないの？	144
	240	曲を検索したい	144
	241	アルバムごとに曲を再生するには	145
	242	ジャンルごとに曲を再生するには	145
	243	再生中の曲を操作するには	146
	244	曲を好みの音質に変えたい	146
	245	プレイリストを公開したい	147
	246	取り込んだ曲を削除したい	147
	247	曲ごとの音量をそろえたい	148
	248	AirPlayって何？	148
	249	Apple Musicを利用したい	149
	250	Apple Musicはオフラインでも使える？	149
	251	Apple Musicで最新の曲を聴きたい	150
	252	好きなアーティストの曲を表示するには	150
	253	Apple Musicに歌詞を表示するには	151

254	曲やアルバムを登録したい	151
255	ストリーミングでラジオを聴きたい	152
256	Apple Music を解約したい	152
257	iTunes カードの料金を追加したい	153
258	友人に iTunes ギフトを贈りたい	154
259	映画をレンタルしたい	154
260	パソコンに iTunes をインストールしたい	155
261	パソコンの iTunes に iPhone を登録したい	155
262	音楽 CD を iPhone に取り込みたい	156
263	パソコン内の音楽を iTunes に取り込みたい	156
264	パソコンの iTunes で曲を購入したい	157
265	iTunes と iPhone を同期するには	157
266	映画や音楽を自動でダウンロードしたい	158
267	「コンピュータを認証」って何？	158

第8章 標準アプリを使いこなす便利技

Question ≫ 268	マップで現在位置を確認したい	160
269	マップで目的地をすばやく表示したい	160
270	マップでルート検索をしたい	161
271	よく行く場所をマップに登録したい	161
272	自宅や職場への経路をすばやく表示したい	162
273	経路や目的地を共有したい	162
274	近くにあるお店を検索したい	163
275	ナビゲーションを実行するには	163
276	地図を表示した場所の天気を確認したい	163
277	カレンダーに予定を作成したい	164
278	終日イベントを作成したい	164
279	繰り返しの予定を設定したい	164
280	イベントの出席者に案内メールを出したい	165
281	イベントの出席依頼がきたらどうする？	165
282	カレンダーを和暦で表示したい	166
283	オリジナルの祝日は設定できる？	166
284	新しいカレンダーを追加したい	166
285	カレンダーと Google カレンダーを同期したい	167
286	カレンダーを削除したい	167
287	リマインダーを設定したい	168
288	ToDo に優先順位やメモを設定したい	168
289	ToDo を日時順に表示したい	169

290	FaceTime でビデオ通話をするには	169
291	FaceTime で発信するには	169
292	着信用のアドレスを設定したい	170
293	音声通話を FaceTime に切り替えたい	170
294	ビデオ通話中にほかのアプリを利用したい	170
295	iPhone でアラームは設定できる？	171
296	タイマー機能は利用できる？	171
297	電卓を使いたい	171
298	計算結果をコピーしたい	172
299	音声メモを取りたい	172
300	メモを利用するには	172
301	メモを編集したい	173
302	メディカル ID を設定したい	173
303	＜ヘルスケア＞のデータを入力したい	174
304	＜ヘルスケア＞のデータを確認したい	174
305	Siri を設定するには	175
306	Siri でカレンダーに予定を入力するには	175
307	近くのレストランを Siri で探したい	176
308	iBooks で電子書籍や PDF を読むには	176

第 9 章　定番&おすすめアプリの便利技

Question »

309	アプリはどこで探せばいいの？	178
310	アプリのランキングを見たい	178
311	アプリの内容を確認したい	179
312	アプリの評判を確認したい	179
313	iPhone にアプリをインストールしたい	180
314	アプリ内購入について確認するには	181
315	アプリや音楽を再ダウンロードするには	181
316	アプリをアップデートしたい	182
317	アカウントが同じなら iPad で購入したアプリも使える？	182
318	アプリを終了したい	183
319	アプリを削除したい	183
320	YouTube で面白い動画を探したい	184
321	Gmail でメールを見るには？	184
322	Google Map で地図を確認したい	185
323	Kindle で電子書籍を読みたい	185
324	青空文庫で電子書籍を読みたい	186
325	Evernote を利用したい	186

326 OfficeのファイルをiPhoneで開きたい……186

第10章 iPhone&SNSの便利技

Question ≫
327 Twitter（ツイッター）を利用したい……188
328 Twitterにツイートを投稿したい……188
329 Twitterに写真を投稿したい……189
330 Facebookを利用したい……189
331 Facebookに投稿したい……190
332 Facebookの投稿に「いいね！」したい……190
333 Facebookの投稿にコメントしたい……191
334 LINEを利用したい……191
335 友だちを追加するには……192
336 トークを始めたい……192
337 スタンプを利用したい……193
338 Instagramを利用したい……193
339 Instagramに写真を投稿するには……194
340 Twitter／Facebookと連携させたい……194

第11章 iCloudの便利技

Question ≫
341 iCloudを使いたい……196
342 必要な項目だけを同期したい……196
343 iCloudメールを使いたい……197
344 マイフォトストリームで写真を共有したい……197
345 iCloudフォトライブラリで写真を共有したい……198
346 iCloudからサインアウトしたい……198
347 パソコンなしでバックアップしたい……199
348 バックアップから復元したい……200
349 バックアップを削除したい……200
350 iCloudの容量を増やしたい……201
351 iCloudを無効にしたい……201
352 iCloud Driveって何？……201
353 iCloud.comって何？……202
354 Windows用iCloudをインストールしたい……202
355 パソコンのブラウザとブックマークを同期したい……203

15

| 356 | 失くしたiPhoneを探したい | 204 |
| 357 | 失くしたiPhoneにロックをかけたい | 204 |

第12章 iPhoneをもっと使いこなす便利技

Question
358	Apple IDを作りたい	206
359	iPhoneは海外でも使える？	208
360	iPhoneを片手で操作できるようにしたい	208
361	登録した支払い情報や個人情報を変更したい	209
362	iPhone本体の使用可能容量を確認したい	209
363	指紋認証や顔認証をiPhoneに設定したい	210
364	登録した指紋の情報を削除したい	212
365	iPhoneにパスコードを設定したい	213
366	パスコードの設定を変更したい	213
367	利用できるアプリを制限したい	213
368	利用できる機能を制限したい	214
369	勝手にアプリを購入できないようにしたい	214
370	Apple Payって何？	215
371	iPhoneにSuicaを登録するには	215
372	iPhoneでSuicaを利用するには	216
373	Walletのパスって何？	216
374	クレジットカードを追加したい	217
375	クレジットカードの情報をカメラで読み取るには	218
376	スクリーンショットを取得するには	218
377	通信料や利用料金を確認したい	219
378	iPhone対応の周辺機器を活用したい	219
379	iPhoneのLEDライトを点灯させるには	220
380	アカウント情報を変更できないようにしたい	220
381	iPhoneを出荷時の状態に戻したい	221
382	設定だけを初期化したい	221
383	iOS 11にバージョンアップしたい	222

第13章 iPhoneトラブルシューティング

Question
384	標準のアプリを消してしまった	224
385	アプリが動かなくなった	224
386	iPhoneから音が出ない	224

387 パスコードを忘れてしまった······225
388 パスコードを再設定するには······225
389 Apple ID のパスワードを忘れてしまった······226
390 Apple ID を忘れてしまった······226
391 バッテリーを長持ちさせたい······226
392 iPhone がフリーズしてしまった······227
393 iPhone を買い替えるときはどうする？······227
394 iPhone を捨てるにはどうしたらいい？······227
395 iPhone を修理に出したい······228
396 毎月の通信料を節約したい······228
397 iTunes が iPhone を認識しない······229
398 前のバージョンの iOS に戻したい······229

用語集 ······230
索　引 ······236

Contents

ご注意：ご購入・ご利用の前に必ずお読みください

● 本書に記載された内容は、情報の提供のみを目的としています。したがって、本書を用いた運用は、必ずお客様自身の責任と判断によって行ってください。これらの情報の運用の結果について、技術評論社および著者はいかなる責任も負いません。

● ソフトウェアに関する記述は、特に断りのないかぎり、2017年11月現在での最新バージョンをもとにしています。ソフトウェアはバージョンアップされる場合があり、本書の説明とは機能内容や画面図などが異なってしまうこともあり得ます。あらかじめご了承ください。

● インターネットの情報については、URLや画面などが変更されている可能性があります。ご注意ください。

● 本書は以下の環境で動作を確認しています。ご利用時には、一部内容が異なることがあります。あらかじめご了承ください。
端末：iPhone 8／X（iOS 11.1）
パソコンのOS：Windows 10
iTunes：12.7

以上の注意事項をご承諾いただいた上で、本書をご利用願います。これらの注意事項をお読みいただかずに、お問い合わせいただいても、技術評論社および著者は対処しかねます。あらかじめご承知おきください。

■本書に掲載した会社名、プログラム名、システム名などは、米国およびその他の国における登録商標または商標です。本文中では ™、® マークは明記していません。

第 **1** 章

基本操作&
設定の便利技

001 >>> 002		iPhone とは
003 >>> 006		iPhone を使う前に
007		キャリア
008 >>> 011		初期設定
012 >>> 014		3D Touch
015		セットアップ
016 >>> 022		ロック
023 >>> 032		画面
033 >>> 037		表示
038 >>> 039		Spotlight
040 >>> 041		設定

1 基本操作＆設定の便利技

[iPhoneとは] 6 6 Plus 6s 6s Plus SE 7 7 Plus 8 8 Plus X

Q»001 iPhoneで何ができるの？

A 電話、メール、音楽やゲームなど、いろいろなことができます。

iPhoneの特徴は、なんといってもその多機能さでしょう。通話機能を始め、＜メール＞アプリではGmailやiCloudといった複数のメールサービスのアカウントを使い分けることができ、特定の番号などに伝言を送信する＜メッセージ＞アプリも搭載されています。写真や動画の撮影も可能で、その性能は新しい機種がリリースされるたびに進化しています。そのほかインターネットを利用して任意のキーワードを検索したり、ゲームで遊んだり、カレンダーで日程を確認したりすることもできます。

さらに、＜App Store＞アプリから、世界中の開発者が作成した多数のアプリをインストールして、機能を自由に拡張していける点も大きな魅力といえるでしょう。

マップ

カメラ

iTunes Store / ホーム / 電話 / ミュージック / メール / Safari

[iPhoneとは] 6 6 Plus 6s 6s Plus SE 7 7 Plus 8 8 Plus X

Q»002 iPhoneにはどんな種類があるの？

A iPhone 7／7 Plus／8／8 Plus／Xなどが販売されています。

これまで日本では、メインシリーズであるiPhone 3G～iPhone 6s／6s Plus、カラフルなiPhone 5c、小型のボディに最新の機能を盛り込んだiPhone SE、耐水性能やApple Payなどの機能が追加されたiPhone 7／7 Plusの合計14種類が販売されていました。2017年秋に新しくiPhone 8／8 Plus／Xが登場し、合計17種類のiPhoneが日本で利用されるようになりました。iPhone 8／8 Plusではデザインが一新され、背面にガラス素材が採用されました。防沫性能や耐水性能、防塵性能も備えており、よりアクティブに利用できるようになりました。また、A11 Bionicが搭載されたことにより、ARを使ったゲームやアプリなど、臨場感あふれる拡張現実を体験できるようになります。

iPhone X

A11 Bionicチップの搭載により、処理速度やパフォーマンスが向上しています。また、本体背面がガラス素材になり、「ワイヤレス充電」にも対応しています。さらに、TrueDepthカメラによる顔認識「Face ID」や、ホームボタン廃止による画面の表示領域の拡大も特徴です。

iPhone 8／8 Plus

A11 Bionicチップの搭載により、これまでよりも高いパフォーマンスを発揮します。また、本体背面がガラス素材になり、充電パットに置くだけで充電ができる「ワイヤレス充電」にも対応しています。最新のRetina HDディスプレイの搭載や、より大きく速くなったセンサーの搭載など、高性能な仕様へと進化しました。

iPhone 7／7 Plus	2016年9月
iPhone 8／8 Plus	2017年9月
iPhone X	2017年11月

[iPhoneを使う前に]　6　6 Plus　6s　6s Plus　SE　7　7 Plus　8　8 Plus　X

Q 003 iPhoneを利用するのに必要なものは？

A iPhoneに同梱されている付属品のみで利用できます。

iPhoneには、音楽や通話に使えるAppleヘッドセット、Lightning-USBケーブル、USB電源アダプタとSIM取り出しツールが同梱されています。

ヘッドセットは外出先など、iPhoneのスピーカーから音を出したくない場合に使用します。音量を調整できるボタンや、再生／一時停止／スキップ操作などができるスイッチが付いているので、音楽やビデオを再生したいときに便利です。

Lightning-USBケーブルは、iPhoneとパソコンを接続するときに使用します。充電や、パソコンのiTunesからダウンロードしたコンテンツをiPhoneにも同期させたい場合に役立ちます。

USB電源アダプタは、家庭用コンセントを使ってiPhoneを充電することができます。完全にiPhoneのバッテリーが切れた際や、パソコンが近くにない場合に活用するとよいでしょう。

Apple EarPods with Remote and Mic

Lightning-USBケーブル

iPhone 6／6 Plus／6s／6s Plus／7／7 Plus／8／8 Plus／X

USB電源アダプタ　　**SIM取り出しツール**

[iPhoneを使う前に]　6　6 Plus　6s　6s Plus　SE　7　7 Plus　8　8 Plus　X

Q 004 iPhoneの料金プランを知りたい

A 購入する機種や購入方法によって、おすすめの料金プランが異なります。

iPhoneを購入する際、「一概にこの料金プランがおすすめ」ということはいえません。どの機種を購入するか、機種変更か新規契約か、ほかのキャリアからの乗り換えかといった条件で、料金体系が変化するためです。さらにau、ソフトバンク、ドコモの3キャリアとも基本使用料とパケット定額を組み合わせたプランを用意しており、割引キャンペーンも随時行っています。iPhoneを購入するときは、各キャリアのショップで相談するか、公式サイトでそれぞれの料金プランを事前に確認しておくとよいでしょう。

auの料金プラン

http://www.au.kddi.com/iphone/charge/

ソフトバンクの料金プラン

http://www.softbank.jp/mobile/iphone/price_plan/

ドコモの料金プラン

https://www.nttdocomo.co.jp/iphone/charge/

[iPhoneを使う前に] 6 6 Plus 6s 6s Plus SE 7 7 Plus 8 8 Plus X

Q»005 iPhoneに接続できる周辺機器は？

A 同梱のヘッドセット、別売のDockやAVアダプタなどがあります。

iPhoneには、AppleヘッドセットやLightning-USBケーブル、USB電源アダプタなどが同梱されています。iPhone 8／8 Plus／Xも、iPhone 5から新しく採用されたLightning-USBケーブルを利用してiPhoneとパソコンを接続することで、充電したり、データを同期（同じ内容にそろえること）したりできます。ケーブルをUSB電源アダプタに接続して、家庭用コンセントでiPhoneを充電することも可能です。

別売のDockに接続すれば、スピーカーフォンによる通話などが行え、AVアダプタ／AVケーブルでiPhoneとテレビを接続し、大画面で写真や動画、音楽を楽しむこともできます。

パソコンなどに挿し込むUSBメモリや、インターネット接続用のLANケーブルは、コネクタの形状が異なるためiPhoneに接続できません。

● 同梱品
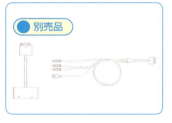
● 別売品

● 接続不可

[iPhoneを使う前に] 6 6 Plus 6s 6s Plus SE 7 7 Plus 8 8 Plus X

Q»006 使い方がわからないときはどうすればいい？

A 「iPhoneユーザガイド」で調べてみましょう。

iPhoneの機能や操作方法がわからない場合、「iPhoneユーザガイド」で調べることができます。標準で搭載されているWebブラウザの＜Safari＞からアクセスして、わからないことを調べてみましょう。

1 ホーム画面で●をタップします。

2 検索フィールドに「https://help.apple.com/iphone/11/」を入力し、

3 ＜開く＞（または＜Go＞）をタップします。

4 ＜目次＞をタップし、

5 調べたい項目を選択します。

[キャリア]

Q 007 au、ソフトバンク、ドコモのiPhoneに違いはあるの？

 A iPhoneの端末自体は同じですが、サービス内容が異なります。

au、ソフトバンク、ドコモの3キャリアは、Appleが製造した同じiPhoneを販売しています。そのため、あるキャリアのiPhoneが特別に高機能ということはありません。しかし提供しているサービスは各キャリアによって異なるため、通信速度や利用できるエリア、メール機能やオプションサービスなどに細かな差異があります。

たとえば割込通話は、ソフトバンクとドコモでは有料のオプションサービスとして提供されていますが、auでは最初から利用できます。

通信エリアの広さ／通信速度

各キャリアとも、利用するエリアや時間帯、混雑状況によって、通信速度は変動します。サービス自体も一長一短で、目立った差はありません。

メール／メッセージ機能

iPhoneで利用できるメール・メッセージの種類は、キャリアによって異なります。

たとえば＜メール＞アプリを例に挙げると、auではEZwebメール、ソフトバンクではEメール（i）、ドコモではドコモメールを利用できます。各キャリアメールの設定方法は、Q.136〜138で解説しています（iCloud、Exchange、Google、Yahoo！、AOL、Outlook.com、そのほかPCメールは、どのキャリアでも使用可能です。これらの詳細はQ.139〜140を参照しましょう）。

＜メッセージ＞アプリでは、auやソフトバンクがiMessage／SMS／MMSを利用できるのに対し、ドコモではiMessageとSMSしか利用できません（Q.133参照）。

キャリア＼利用可能なメール	＜メール＞アプリ	＜メッセージ＞アプリ
au	EZwebメール	iMessage／SMS／MMS
ソフトバンク	Eメール（i）	iMessage／SMS／MMS
ドコモ	ドコモメール	iMessage／SMS

iCloud、Exchange、Google、Yahoo！、AOL、Outlook.com、そのほかPCメールはどのキャリアの＜メール＞アプリでも使用可能です。

海外利用

海外での利用プランも、各キャリアによって違いがあります。

たとえばauでは、「世界データ定額」「海外ダブル定額」の2つが提供されており、海外にいてもメールやインターネットを定額で自由に利用することができます。ソフトバンクでは「海外パケットし放題」が用意されています。さらに2014年9月からは「アメリカ放題」のサービスも開始されました（Q.359参照）。

ドコモでは「海外パケ・ホーダイ」「海外1dayパケ」の2つが提供されており、海外に長く滞在するなら前者が、短い滞在なら後者がおすすめです。

キャリア＼サービス詳細	サービス名	URL
au	世界データ定額 海外ダブル定額	http://www.au.kddi.com/pr/kaigai
ソフトバンク	海外パケットし放題	http://www.softbank.jp/mobile/service/global/overseas/web/packet-flat-late/
ドコモ	海外パケ・ホーダイ 海外1dayパケ	https://www.nttdocomo.co.jp/service/world/roaming/

各キャリアの海外利用のサービスは、それぞれ特徴が異なります。詳細は上記のURLから確認してみましょう。

[初期設定]

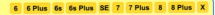

Q 008 iPhoneの各部名称が知りたい

A iPhoneの各部の名称と基本的な役割を理解しておきましょう。

iPhoneにはいろいろなボタンやスイッチ、コネクタが付いています。iPhoneを使用する前に、各部の名称と基本的な役割を理解しておきましょう（下図はiPhone 8のものです）。

iPhone X の違い

iPhone Xでは、ホームボタンが廃止され、また端末上部も変更になり、画面が5.8インチと広くなりました。iPhone Plusシリーズでも画面は5.5インチであり、画面サイズはiPhoneの中で最大です。各部名称は上記と同じです。ホームボタンがなくなったことに伴う操作方法の違いについては、P.5を参照してください。

[初期設定] 6 6 Plus 6s 6s Plus SE 7 7 Plus 8 8 Plus X

Q» 009 iPhoneを充電したい

 A 家庭用コンセントか、パソコンに接続して充電します。

購入時に同梱されているUSBケーブルとUSB電源アダプタを使い、家庭用コンセントまたはパソコンとiPhoneを接続して充電することができます。充電中はバッテリーのインジケータが画面に表示されます。

1 Lightning-USBケーブル（DockコネクタUSBケーブル）をiPhoneのLightningコネクタ（Dockコネクタ）に接続します。

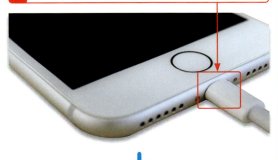

↓

2 Lightning-USBケーブルの反対側のコネクタ（DockコネクタUSBケーブル）を、電源が入っているパソコンに接続すると、充電が始まります。家庭用コンセントで充電する場合は、反対側のコネクタをUSB電源アダプタに接続します。

[初期設定] 6 6 Plus 6s 6s Plus SE 7 7 Plus 8 8 Plus X

Q» 010 iPhoneをワイヤレス充電したい

 A 対応するワイヤレス充電ベースが必要です。

iPhone 8／8 Plus／Xでは、本体背面がガラス素材になり、mophie wireless charging baseなどQi規格準拠の充電器を利用すると、iPhoneを置くだけで充電ができるワイヤレス充電に対応しています。専用の充電ベースは別売りですが、手軽に充電ができるので便利です。空港やホテル、カフェなどに置かれているQi規格のワイヤレス充電器にも対応しているため、あらゆる場所で充電が可能になります。なお、従来のLightningケーブルでの充電にも対応しているので、充電の仕方を選べるというメリットもあるでしょう。

また、複数のデバイスをワイヤレス充電できる「AirPower」が2018年に登場します。iPhoneやApple Watchなど、対応するデバイスを3つまで置くことができ、同時に充電することができます。

1 対応するワイヤレス充電ベースにiPhoneの画面を上にして置くと、充電が始まります。なお、振動でiPhoneの位置が変わると、充電できなくなったり、充電のスピードが遅くなったりする場合もあるので注意が必要です。

 関連 Q.009 iPhoneを充電したい ……… P.25

1 基本操作&設定の便利技

[初期設定] 6 6 Plus 6s 6s Plus SE 7 7 Plus 8 8 Plus X

Q»011 タッチ操作の基本を身に付けたい

A 画面に直接触れて操作します。

画面をタッチして操作する点が、iPhoneの最大の特徴です。指を使って画面やアイコンを自由に動かしたり、2本の指で触れることで拡大・縮小表示したりと、さまざまな操作方法があります。3D TouchについてはQ.012～014を参照してください。

タップ

画面を指で軽く触れてすぐ離します。すばやく2回続けてタップすることを、ダブルタップといいます。

スワイプ

画面を指で軽く払うような操作です。ホーム画面の切り替えなどに使用します。

ドラッグ／スライド

アイコンや画面などをタッチした状態で指を動かす動作です。

ピンチ

画面を2本の指で押さえながら広げたり（ピンチオープン）、縮めたりします（ピンチクローズ）。

タッチ

画面に触れて押し続けることをタッチといいます。

[3D Touch] 6 6 Plus 6s 6s Plus SE 7 7 Plus 8 8 Plus X

Q»012 3D Touchって何？

A ディスプレイを押す強さによって異なる操作ができる機能です。

3D Touchは、ディスプレイを押す強さによって、さまざまな操作を可能にする新機能です。iPhone 6s、6s Plusで初めて導入されました。軽く画面を押したり、その状態からさらに深く押し込んだりすることで、iPhoneをより便利に使うことができます。

3D Touchには、PeekとPopと呼ばれる操作があります。これにより、メールやWebサイトのリンク、地図上の場所の詳細情報などを、実際にアクセスする前にプレビュー表示（Peek）することができ、必要であればそのまま開く（Pop）こともできます。実際に開く前にちょっとだけ見て確認したいときに便利な操作方法です。

Peek と Pop

受信したメールを軽く押すと、メールの内容がプレビュー表示されます。これをPeekといいます。そのまま深く押し込むとメールが開きます。これをPopといいます。

Peek と Pop に対応した主なアプリと機能

メール	メールの内容を確認できる
Safari	Webサイトのリンク先を確認できる
カメラ	撮影済みの写真を撮影中に確認できる
マップ	メールなどで送られてきた住所のリンクを地図で確認できる

[3D Touch] 6 6 Plus 6s 6s Plus SE 7 7 Plus 8 8 Plus X

Q 013 3D Touchの基本を身に付けたい

A 画面を押して操作します。

3D Touchは、画面を押すことで操作できる機能です。たとえばメールを受信したときに、メールを開かずにメールの内容を見ることができたり、Webブラウザでページを開かずに内容を閲覧できたりします。

Peek

プレビューを見たい画面を指で軽く押すことをPeekといいます。

Pop

プレビュー表示された画面を深く押し込むことをPopといいます。

[3D Touch] 6 6 Plus 6s 6s Plus SE 7 7 Plus 8 8 Plus X

Q 014 クイックアクションを利用したい

A アプリアイコンを押します。

ホーム画面でカメラやメッセージなどのアプリのアイコンを押すと、そのアプリ内の各機能へのクイックアクションメニューが表示されます。これまでアプリを起動し、順を追って目的の操作までアクセスしなければならなかった手順を一気に省略できます。また、アプリの操作中に画面を押したり、画面を押しながらスワイプしたりすることで、メニューが表示される場合もあります。

クイックアクション

ホーム画面で対応したアプリのアイコンを押し込むと、ショートカットメニューが表示されます。希望のメニューの上で指を離せば、その操作に直接アクセスできます。

クイックアクションに対応した主なアプリと機能

カメラ	撮影モードを選んで起動できる
写真	お気に入りフォルダや検索画面を直接開ける
メール	フォルダを選んだり、新規作成画面を開いたりできる
メッセージ	新規作成画面を開いたり、事前に送信相手を選んだりできる
マップ	自宅への経路や、現在地の情報をすぐに調べられる
メモ	写真やスケッチを追加する画面を直接開ける

ほかにも、メモのスケッチ機能では、画面を押す強さで線の濃さを変えることができます。なお、ホーム画面左側を押し込むことで画面を切り替えられるマルチタスク機能は廃止されました。

[セットアップ]

6　6 Plus　6s　6s Plus　SE　7　7 Plus　8　8 Plus　X

Q»015 iPhoneを新規にセットアップするには

A iPhoneの電源を入れて設定します。

初期状態のiPhoneは、SIMカードを取り付けて、電話機能を使えるように設定する必要があります。これをアクティベーションといいます。携帯ショップや量販店で購入した場合は、販売員が実行してくれます。
初めてiPhoneの電源をオンにしたときは以下の流れで初期設定を行ってください。

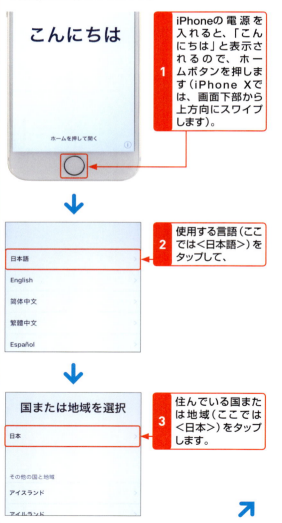

1. iPhoneの電源を入れると、「こんにちは」と表示されるので、ホームボタンを押します（iPhone Xでは、画面下部から上方向にスワイプします）。

2. 使用する言語（ここでは＜日本語＞）をタップして、

3. 住んでいる国または地域（ここでは＜日本＞）をタップします。

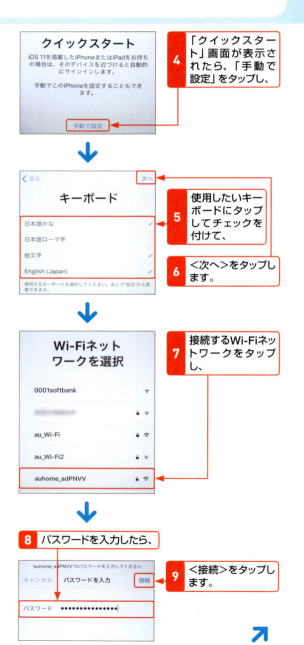

4. 「クイックスタート」画面が表示されたら、「手動で設定」をタップし、

5. 使用したいキーボードにタップしてチェックを付けて、

6. ＜次へ＞をタップします。

7. 接続するWi-Fiネットワークをタップし、

8. パスワードを入力したら、

9. ＜接続＞をタップします。

28

[ロック] 6 6 Plus 6s 6s Plus SE 7 7 Plus 8 8 Plus X

Q 016 iPhoneの電源を オフにするには

A サイドボタンを長押しします。

iPhoneのサイドボタン（iPhone Xの場合は、サイドボタンと音量ボタン）を長押しして、表示された＜スライドで電源オフ＞を右側にドラッグすると、電源が切れます。＜キャンセル＞をタップすると、もとの画面に戻ります。iPhoneの電源をオンにする場合は、サイドボタンを長押しします。＜スライドでロック解除＞が表示されたら、右にドラッグしましょう。ロックを解除するためのパスコード入力画面が表示された場合は、パスコードを入力します（Q.365参照）。

1 本体右側面のサイドボタン（iPhone Xの場合は、サイドボタンと音量ボタン）を長押しします。

2 ＜スライドで電源オフ＞を右側にドラッグすると、電源がオフになります。

＜キャンセル＞をタップすると、もとの画面に戻ります。

[ロック] 6 6 Plus 6s 6s Plus SE 7 7 Plus 8 8 Plus X

Q 017 iPhoneを使わないときは電源を切るべき？

A 電話やメールを受けられるように、スリープモードにしましょう。

iPhoneの電源を切ると、電話やメールを受け取れなくなってしまいます。音楽を聴くこともできません。iPhoneを使わないときは、スリープモードにしておきましょう。

スリープモードとは、画面を真っ暗にした状態のことです。アイコンなども一切表示しないため、バッテリーの消費量をかなり抑えることができます。スリープモード中でも音楽は再生され、電話がかかってきたり、メールを受信した場合は通知が自動表示されます。

通常iPhoneは、1分間何も操作せずにいるとスリープモードへ切り替わるよう設定されています。このほかサイドボタンを押してスリープモードにしたり、解除したりすることも可能です（Q.018、Q.019参照）。スリープモードを解除すると、ロック画面が表示され、ロックを解除すれば続きの操作が行えます（Q.020参照）。

もちろん、電源を切ったほうがバッテリーの消費量を抑えられます。音楽を聴かない場合や、電話やメールを受ける必要がない場合は、電源を切っておくのも、1つの方法といえるでしょう。

スリープモード中は画面に何も表示されません。

[ロック]　　　　　　　　　　　　　　　　6　6 Plus　6s　6s Plus　SE　7　7 Plus　8　8 Plus　X

Q» 018 iPhoneをスリープモードにしたい

A サイドボタンを押します。

iPhoneをスリープモードにしたい場合は、サイドボタンを押すか、一定時間iPhoneを操作しないようにします。後者は通常1分間でスリープモードに切り替わりますが、切り替わる時間は自分で変更することができます。なおスリープモードの設定中は、タッチ操作ができません。

1 本体右側面のサイドボタンを押すと、スリープモードになります。

 関連 Q.021　自動ロックの時間を変更したい …………… P.32

[ロック]　　　　　　　　　　　　　　　　6　6 Plus　6s　6s Plus　SE　7　7 Plus　8　8 Plus　X

Q» 019 スリープモードを解除したい

A サイドボタンを押します。

スリープモードでは電源は入ったままなので、電話やメールを受けたり、音楽を聴くことができます。サイドボタンを押すと、ロック画面が再び表示されます。また通話の着信時も、自動的に相手の番号が映し出されます。不在着信やメールを受信した場合は、スリープモードの解除後に通知が表示されます（Q.022参照）。

iPhone Xでは、画面をタップするか、本体を手前に傾けることでもスリープモードが解除されます。

1 サイドボタンを押します。

[ロック]　　　　　　　　　　　　　　　　6　6 Plus　6s　6s Plus　SE　7　7 Plus　8　8 Plus　X

Q» 020 ロック画面を解除したい

A スリープモード解除後、ホームボタンを押します。

スリープモードになると、iPhoneは自動的にロックがかかります。利用したい場合は、スリープモード解除後にホームボタンを押してください（iPhone Xでは画面下部を上にスワイプ）。スリープモードになる前の画面が表示されます。パスコード（Q.365参照）を設定している場合は、パスコードを入力します。

なお、iPhone Xでは、顔認証でロック画面を解除できるFace IDが搭載されています（P.4、P.211参照）。

1 ホームボタンを押します（iPhone Xの場合は、画面を下から上方向にスワイプします）。

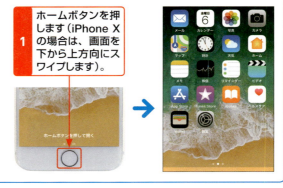

1 基本操作&設定の便利技

[ロック] 6　6 Plus　6s　6s Plus　SE　7　7 Plus　8　8 Plus　X

Q» 021 自動ロックの時間を変更したい

A 自動ロックまでの時間は30秒〜5分の間で変更できます。

通常iPhoneは、1分間放置しておくとスリープモードになって画面表示が消え、自動的にロックがかかって操作できなくなります（Q.018参照）。自動ロックはかけたいけれど、1分間でかかるのは短すぎるという場合は、「設定」画面からスリープモードに切り替わるまでの時間を変更しましょう。

ホーム画面で＜設定＞→＜画面表示と明るさ＞→＜自動ロック＞をタップし、ロック状態になるまでの時間を30秒〜5分の間で設定できます。また、自動でスリープモードにしたくない場合は＜なし＞を選択しましょう。

なお、動画を視聴している場合や、＜カメラ＞アプリを起動して撮影画面を表示している場合は、何も操作をしていなくても、自動ロックの設定時間に関係なくスリープモードにはなりません。

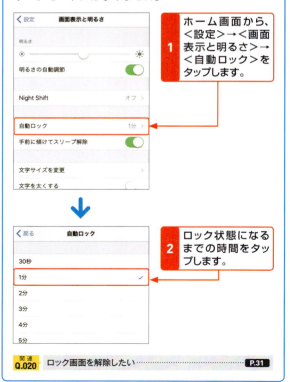

1　ホーム画面から、＜設定＞→＜画面表示と明るさ＞→＜自動ロック＞をタップします。

2　ロック状態になるまでの時間をタップします。

関連 Q.020　ロック画面を解除したい……P.31

[ロック] 6　6 Plus　6s　6s Plus　SE　7　7 Plus　8　8 Plus　X

Q» 022 ロック画面に通知が表示されたら？

A 通知アイコンを右側にドラッグするか、通知を押します。

スリープモード中に電話がかかってきたり、リマインダーが起動したりした場合は、ロック画面に通知アイコンとその内容が通知されます。このとき、通知アイコンを右方向にドラッグするか、押すと、そのアプリを起動することができます。たとえば、スリープモード中に留守番電話があった場合は、ロック画面にその旨が通知されます。ここで通知を押すと、録音された留守番電話を再生できます。また、スリープモード中にリマインダーが起動した場合は、ロック画面に登録内容が通知されます。通知アイコンを押すと、アプリが起動します。

1　通知アイコンを押して、

2　▶をタップすると、録音された留守番電話が再生されます。

関連 Q.020　ロック画面を解除したい……P.31
関連 Q.035　通知の表示内容を変更したい……P.39

[画面] 6 6 Plus 6s 6s Plus SE 7 7 Plus 8 8 Plus X

Q 023 iPhoneを回転しても画面を固定したい

A 画面の向きを縦向きに固定できます。

iPhoneを横向きにすると、一部のアプリでは画面が自動的に横向きに変わりますが、横向きに変わらないように、縦向きのままで固定することができます。
Q.034を参考にコントロールセンターを表示します。
🔒をタップするとオンになり、画面の向きが縦方向にロックされます。ホーム画面に戻って、画面上部にアイコンが表示されていることを確認してください。
なお、画面を横向きで固定することはできません。

1 Q.034を参考にコントロールセンターを表示して、

2 🔒をタップします。

3 画面上部に🔒が表示され、画面が縦向きに固定されます。

関連 Q.034 コントロールセンターって何? ……… P.39

[画面] 6 6 Plus 6s 6s Plus SE 7 7 Plus 8 8 Plus X

Q 024 ウィジェットを利用するには

A ホーム画面を右方向にスワイプします。

ホーム画面やロック画面で画面を何回か右方向にスワイプすると、ウィジェットが表示されます。ウィジェットではニュースや天気、株価情報など、さまざまな情報を確認することが可能です。ウィジェットの一覧画面を上方向にスワイプして＜編集＞をタップすると、表示するウィジェットの追加や削除をすることが可能です。

1 ホーム画面を右方向に何回かスワイプします。

2 ウィジェットが一覧表示されます。

3 画面を上方向にスワイプし、

4 ＜編集＞をタップします。

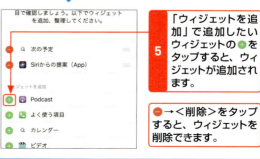

5 「ウィジェットを追加」で追加したいウィジェットの➕をタップすると、ウィジェットが追加されます。

➖→＜削除＞をタップすると、ウィジェットを削除できます。

[画面]　　　6　6 Plus　6s　6s Plus　SE　7　7 Plus　8　8 Plus　X

音量を上げたい／下げたい

A 音量ボタンと着信／サイレントスイッチを使って音量を調節できます。

本体側面にある音量ボタンを押せば、スピーカーの音量を16段階で調整できます。上のボタンを押せば音量が上がり、下のボタンを押せば音量が下がります。マナーモードに切り替えたいときは、オレンジ色の線が見えるように着信／サイレントスイッチをスライドさせましょう。メール作成のタップ音や着信音がまったく鳴らなくなります。

音量ボタンで音量を調節する

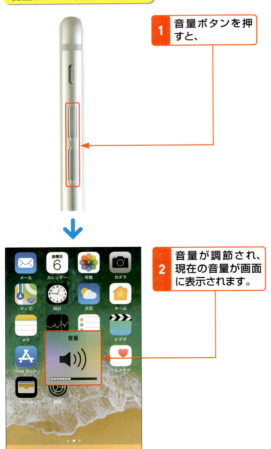

1 音量ボタンを押すと、

2 音量が調節され、現在の音量が画面に表示されます。

着信／サイレントスイッチで音量を調節する

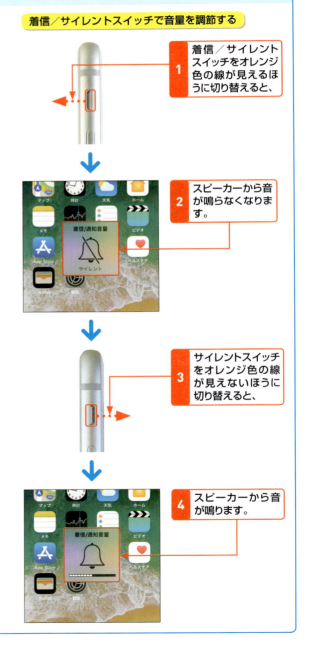

1 着信／サイレントスイッチをオレンジ色の線が見えるほうに切り替えると、

2 スピーカーから音が鳴らなくなります。

3 サイレントスイッチをオレンジ色の線が見えないほうに切り替えると、

4 スピーカーから音が鳴ります。

[画面]　6　6 Plus　6s　6s Plus　SE　7　7 Plus　8　8 Plus　X

Q 026 ホーム画面を表示したい

A ホームボタンの有無により操作が異なります。

どのページを閲覧していても、ホームボタンを押すとホーム画面に戻ることができます。ホーム画面には標準で＜設定＞＜メモ＞＜App Store＞などといったアイコンがあり、タップすればアプリを起動することができます。アプリの使用中に別のアプリを使いたいときは、いったんホーム画面に戻ってアプリを起動しましょう。
ホームボタンのないiPhone Xでは、画面下部から上方向にスワイプすると、ホーム画面を表示させることができます（詳細については、P.5を参照してください）。

1 どの画面を表示していても、ホームボタンを押すと、

2 ホーム画面が表示されます。

[画面]　6　6 Plus　6s　6s Plus　SE　7　7 Plus　8　8 Plus　X

Q 027 ホーム画面のアイコン配置を変えるには

A アイコンをタッチすると、アイコンの配置を変えることができます。

ホーム画面は、任意のアイコンをタッチすることで編集が可能です。編集可能な状態では、アイコンが小刻みに揺れています。
この状態で配置を変えたいアイコンをドラッグして動かすと、移動先周辺のアイコンが自動的にスライドします。画面の端にドラッグすると、別のページに切り替わります。アイコンを新しい位置に移動したら、指を離し、ホームボタンを押して（iPhone Xの場合は、画面右上の＜完了＞をタップして）位置を確定させます。
ホーム画面を編集したいときは、アイコンをほかのアイコンの間へ割り込ませるように移動しましょう。うっかりアイコン同士を重ね合わせると、フォルダが作成され、アプリがその中に格納されてしまいます。

1 任意のアイコンをタッチすると、アイコンが小刻みに揺れます。

2 アイコンを配置したい場所までドラッグすると、ほかのアイコンが自動的にずれます。

3 ホームボタンを押す（iPhone Xの場合は、画面右上の＜完了＞をタップする）と、アイコンの配置が決定します。

関連 Q.028　ホーム画面にフォルダを作りたい …… P.36

[画面] 6　6 Plus　6s　6s Plus　SE　7　7 Plus　8　8 Plus　X

Q» 028　ホーム画面にフォルダを作りたい

A アイコンを重ねると、フォルダを作成できます。

iPhoneでは、ホーム画面のアイコンをフォルダにまとめることが可能です。

最初にいずれかのアイコンをタッチします。編集可能な状態（Q.027参照）になったら、任意のアイコンをドラッグしてほかのアイコンに重ねるとフォルダを作成することができます。

フォルダ名はアイコンに関連する名前が自動的に付けられ、あとから好きな名前に変更することも可能です（Q.029参照）。ホームボタンを押す（iPhone Xの場合は、画面を下から上方向にスワイプする）とフォルダの位置と名称が決定されます。

なお、完全にアイコン同士を重ね合わせないと、フォルダが作成されず、アイコンの配置が変わるだけなので注意しましょう。

1 アイコンを重ねると、自動的にフォルダが表示されます。

タップすると、フォルダの名前を変更できます。

2 ホームボタンを押す（iPhone Xの場合は、画面を下から上方向にスワイプする）と、フォルダの位置と名前が決まります。

3 もう一度ホームボタンを押す（iPhone Xの場合は、画面を下から上方向にスワイプする）と、ホーム画面に戻ります。

[画面] 6　6 Plus　6s　6s Plus　SE　7　7 Plus　8　8 Plus　X

Q» 029　フォルダ名は変更できるの？

A フォルダ名は好きな名前に変更できます。

フォルダ名は作成した段階で自動的に付けられますが、あとで変更することも可能です。

ホーム画面でいずれかのアイコンをタッチして、ホーム画面を編集できる状態にします。名前を変更したいフォルダをタップし、名称の入力フィールドをタップします。キーボードが表示されるので、任意の名称を打ち込みます。この際、絵文字や顔文字を入力することも可能です。文字数の制限はありませんが、日本語は6文字、アルファベットの場合には文字によって幅が異なりますが、大文字で10文字、小文字で12文字程度を目安に、できるだけそれ以内に収まる名称を付けるとよいでしょう。ホームボタンを押す（iPhone Xの場合は、画面を下から上方向にスワイプする）と、フォルダ名が確定します。

1 フォルダ名をタップして、変更したい名前を入力します。

2 ホームボタンを押す（iPhone Xの場合は、画面を下から上方向にスワイプする）と、フォルダ名が確定します。

省略されずに表示できるのは、日本語は7文字、アルファベットの場合は文字によって異なります。

[画面] 6 6 Plus 6s 6s Plus SE 7 7 Plus 8 8 Plus X

Q» 030 アプリを起動するには

 A アプリアイコンをタップします。

iPhoneでは、ホーム画面のアイコンをタップすると、アプリを起動することができます。また、Q.031の操作をすることで、アプリを終了したり、切り替えたりすることが可能です。なお、アプリを削除したいときは、削除したいアプリをロングタッチし、アイコンの右上に表示される×をタップして、＜削除＞をタップしましょう。

1 ホーム画面で、起動したいアプリ（ここでは＜天気＞）をタップします。

2 ＜天気＞アプリが起動します。

関連 Q.309 アプリはどこで探せばいいの？ ……………… P.178

[画面] 6 6 Plus 6s 6s Plus SE 7 7 Plus 8 8 Plus X

Q» 031 アプリを切り替えるには

A ホームボタンの有無で操作が異なります。

iPhoneは複数のアプリを切り替えて操作できる「マルチタスク機能」を搭載しています。たとえば、＜Safari＞アプリでWebページを閲覧しているときにホームボタンを押すと、ホーム画面が表示され、ほかのアプリをタップして起動することができます。このとき＜Safari＞アプリは、切り替えたときの状態を記憶したまま、動作を停止しています。そのため、次に＜Safari＞を起動したときは、前回閲覧したWebページがそのまま表示されます。

ホームボタンをすばやく2回押すと、起動中のアプリ画面が利用順に一覧表示されます。各画面は左右にスワイプして切り替えることが可能で、操作したいアプリの画面をタップすると、その画面が表示されます。
完全に終了させたい場合は、アプリの画面を上方向にスワイプします。なお、ホームボタンのないiPhone Xの場合は、画面を上方向にスワイプして指を止めるだけで、開いているアプリを表示させることができます（詳細については、P.5を参照してください）。

1 本体のホームボタンをすばやく2回押すと、起動中のアプリ画面が利用順で一覧表示されます。

2 任意の画面をタップすると、

3 操作を止めた時点のアプリの画面が表示されます。

かなり以前に起動したアプリでも、上方向にスワイプして終了しない限り、履歴に残ります。手順 2 で画面をタップすると、操作を再開できます。

1 基本操作&設定の便利技

[画面] 6 6 Plus 6s 6s Plus SE 7 7 Plus 8 8 Plus X

Q» 032 壁紙を変更したい

A ロック解除画面とホーム画面の壁紙を変更することができます。

iPhoneにあらかじめ保存されている画像や＜写真＞に保存されている画像を、ロック画面やホーム画面の壁紙に設定することができます。ここでは、iPhoneにあらかじめ保存されている画像を壁紙に設定する方法を説明します。撮影した写真を設定する場合も、手順は同じです。ホーム画面で＜設定＞→＜壁紙＞→＜壁紙を選択＞をタップし、＜ダイナミック＞、＜静止画＞、＜Live＞から選択します。壁紙に設定したい画像をタップすると、プレビューが表示されます。＜設定＞をタップし、壁紙を設定する画面を選択すると、壁紙が変更されます。

＜写真＞に保存されている画像を壁紙に設定する場合は、プレビュー時に画像を拡大したり縮小したりするなどして、壁紙に設定する範囲を調整できます。

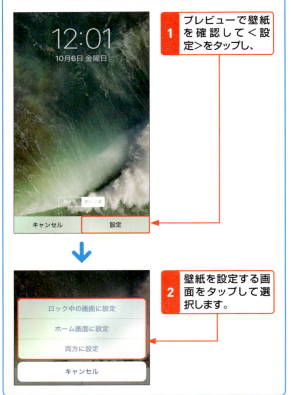

1 プレビューで壁紙を確認して＜設定＞をタップし、

2 壁紙を設定する画面をタップして選択します。

[表示] 6 6 Plus 6s 6s Plus SE 7 7 Plus 8 8 Plus X

Q» 033 タップやロック時の音を消したい

A 「サウンド」画面でオン/オフを切り替えます。

キーボードの入力音と、サイドボタンを押した際に鳴る音は消すことができます。ホーム画面で＜設定＞→＜サウンドと触覚＞をタップし、＜キーボードのクリック＞または＜ロック時の音＞の ● をタップして、○ に切り替えます。このほか、着信/サイレントスイッチを切り替える方法もあります。設定が面倒な場合は、こちらを利用しましょう。

なお、カメラのシャッター音など、どのように操作しても完全に消せないものもあります。

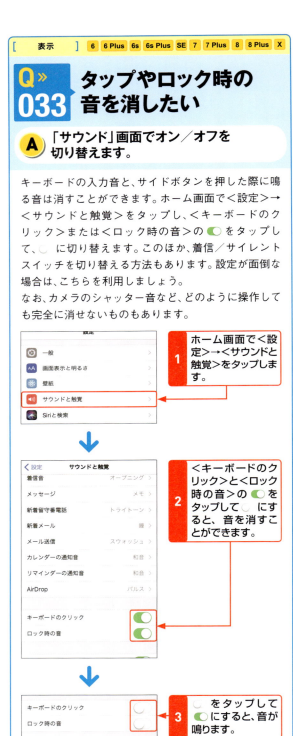

1 ホーム画面で＜設定＞→＜サウンドと触覚＞をタップします。

2 ＜キーボードのクリック＞と＜ロック時の音＞の ● をタップして ○ にすると、音を消すことができます。

3 ○ をタップして ● にすると、音が鳴ります。

関連 Q.025 音量を上げたい／下げたい……………………P.34

38

[表示] 6　6 Plus　6s　6s Plus　SE　7　7 Plus　8　8 Plus　X

Q 034 コントロールセンターって何？

A よく使う機能が集約された画面です。

コントロールセンターとは、iPhoneで頻繁に用いる機能をすぐに利用するための画面です。ホーム画面下部を上方向にスワイプ（iPhone Xの場合は、画面を右上から下方向にスワイプ）すると、表示されます。利用可能な機能の例としては、＜ミュージック＞アプリの操作（Q.243参照）、＜カメラ＞アプリの起動（Q.180参照）、無線LAN（Q.105参照）などです。＜設定＞アプリを使えば、ロックをかけているときやアプリを利用しているときは表示されないように設定することも可能です（標準では表示されます）。そのときどきの状況に合わせて、使用しましょう。

1　iPhoneのホーム画面下部を上方向にスワイプ（iPhone Xの場合は、画面を右上から下方向にスワイプ）すると、

2　コントロールセンターが表示されます。

コントロールセンターの各機能

機内モード、モバイルデータ通信、無線LAN、Bluetooth、おやすみモード、画面の向きの固定のオン／オフを切り替えられます。

LEDライト、タイマー、電卓、カメラを起動できます。

[表示] 6　6 Plus　6s　6s Plus　SE　7　7 Plus　8　8 Plus　X

Q 035 通知の表示内容を変更したい

A ロック画面に表示しないように設定可能です。

ロック画面ではメールの受信やイベントの期日などをまとめて確認することができますが、画面内の情報が多すぎると読みづらくなってしまいます。そのような場合は、アプリごとにロック画面に表示しないよう設定することができます。
ホーム画面で＜設定＞→＜通知＞をタップし、目的のアプリをタップします。＜通知を許可＞の ● を ○ に切り替えると、通知自体がされなくなってしまうので注意しましょう。＜ロック画面に表示＞、＜履歴に表示＞の ● をタップすれば、通知がロック画面に表示されなくなります（ダイアログやバナーでの通知は行われます）。
Facebookなど、iPhoneにインストールすると、ロック画面での通知が自動的に設定されるアプリもあるので注意しましょう。

1　ホーム画面で＜設定＞→＜通知＞をタップし、目的のアプリをタップします。

2　●／○ をタップすると、通知する／しないを切り替えられます。

39

[表示]　　6　6 Plus　6s　6s Plus　SE　7　7 Plus　8　8 Plus　X

Q 036 画面の明るさを変更したい

A <設定>→<画面表示と明るさ>から手動で調節します。

iPhoneには輝度センサーが搭載されており、周囲の明るさに応じて画面の明るさを自動的に調節します。ただし、照明の点灯や消灯などによって、周囲の明るさが急激に変わった場合などは、画面の明るさを適切に調節できないことがあります。そのような場合は、いったんiPhoneをスリープモードに設定して、解除してください（Q.018参照）。スリープモードの設定／解除を行うと、周囲の明るさに応じて画面の明るさが自動で調節されます。画面の明るさを手動で調節できるように設定することもできます。ホーム画面で<設定>→<画面表示と明るさ>をタップし、<明るさの自動調節>（iPhone Xの場合は、<True Tone>）の ◯ を ◯ に切り替えたあと、スライダーを左右にドラッグして画面の明暗を調節します。画面の明るさを上げすぎると、目に負担がかかったり、バッテリーの消費が早くなったりするので注意しましょう。

| 関連 Q.018 | iPhoneをスリープモードにしたい | P.31 |
| 関連 Q.391 | バッテリーを長持ちさせたい | P.226 |

[表示]　　6　6 Plus　6s　6s Plus　SE　7　7 Plus　8　8 Plus　X

Q 037 コントロールセンターをカスタマイズしたい

A <設定>→<コントロールセンター>から手動で行います。

iPhoneのコントロールセンターは、機能の追加や削除、順番の入れ替えなど、自由にカスタマイズすることができます。3D Touchを利用できる機能もあるので、各機能にすばやくアクセスすることができるようになります。ホーム画面で<設定>→<コントロールセンター>をタップし、<コントロールをカスタマイズ>をタップして、カスタマイズしてみましょう。

1 ホーム画面で<設定>をタップし、
2 <コントロールセンター>をタップしたら、
3 <コントロールをカスタマイズ>をタップします。
4 追加したい機能の ⊕ をタップすると、機能が追加されます。

● →<削除>をタップすると、アイコンを削除できます。

≡ を上下にドラッグすると、順番を入れ替えることができます。

| 関連 Q.034 | コントロールセンターって何? | P.39 |

[Spotlight]　6　6 Plus　6s　6s Plus　SE　7　7 Plus　8　8 Plus　X

Q 038 iPhone全体を検索したい

A　Spotlightを利用します。

Spotlightとは、iPhoneに保存されているファイルなどを検索できる機能です。具体的にはWebの情報、連絡先やメール、ミュージック、アプリといったデータが対象です。アプリを見つけた場合は、検索結果をタップして起動させることができます。入力したキーワードをSafariやWikipediaなどを使って調べることも可能です。Spotlight検索を利用するには、ホーム画面を下方向にスワイプします。検索フィールドに任意のキーワードを入力すると、それを含む情報が表示されるので、実行したいものをタップします。

初回に起動したときは、Spotlight 検索の説明画面が表示されます。

1 検索語を入力すると、

2 検索結果が表示されます。

3 実行したいものをタップします。

関連 Q.024　ウィジェットを利用するには　P.33

[Spotlight]　6　6 Plus　6s　6s Plus　SE　7　7 Plus　8　8 Plus　X

Q 039 Spotlight検索を使いやすくカスタマイズしたい

A　＜Siriと検索＞から行います。

検索の際、特定の項目だけを対象とするように設定を変えることが可能です。これにより検索にかかる時間を短縮できます。また、ホーム画面で＜設定＞→＜Siriと検索＞をタップし、検索しない項目の ●）をタップして ◯ に切り替えたあと、Spotlight検索を利用すると、設定した項目が非表示になります（Q.038参照）。

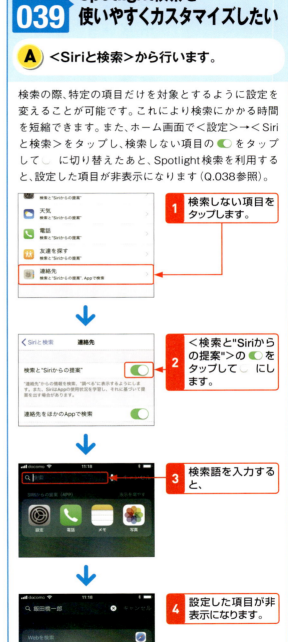

1 検索しない項目をタップします。

2 ＜検索と"Siriからの提案"＞の ●）をタップして ◯ にします。

3 検索語を入力すると、

4 設定した項目が非表示になります。

[設定] 6 6 Plus 6s 6s Plus SE 7 7 Plus 8 8 Plus X

Q 040 「位置情報サービス」って何？

A GPSなどを利用して、位置を測定するサービスです。

iPhoneはGPS、無線LAN、モバイルデータ通信ネットワークを利用して、現在地を測定することができます。これを位置情報サービスといいます。＜マップ＞アプリや＜コンパス＞アプリはこの位置情報を使って、今いる場所を画面上に表示します。

通常はGPSによって現在地を測定します。GPSが利用できない場合は無線LAN、それも利用できないときは、モバイルデータ通信ネットワークで代用します。＜マップ＞アプリで位置を測定した場合、現在地が●で表示されます。●の周りに表示されている青い円は、測定の精度を示しています。精度が高くなるほど、円の直径は狭まっていきます。

＜マップ＞や＜コンパス＞など、位置情報に対応したアプリを初めて起動した場合、位置情報の利用を許可するかどうかの確認画面が表示されます。＜許可＞をタップすると、以降そのアプリは位置情報を利用するようになります。＜許可しない＞をタップすると、位置を測定できなくなります。この操作はあとからでも行えます。

また、アプリごとに位置情報を利用するか設定することも可能です。ホーム画面から＜設定＞をタップして、＜プライバシー＞→＜位置情報サービス＞をタップしたあと、各アプリの＜許可しない＞または＜このAppの使用中のみ許可＞をタップして切り替えます。

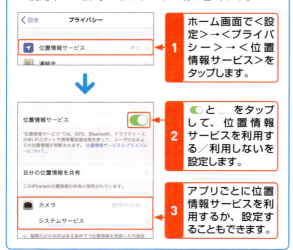

1 ホーム画面で＜設定＞→＜プライバシー＞→＜位置情報サービス＞をタップします。

2 ●と○をタップして、位置情報サービスを利用する／利用しないを設定します。

3 アプリごとに位置情報サービスを利用するか、設定することもできます。

[設定] 6 6 Plus 6s 6s Plus SE 7 7 Plus 8 8 Plus X

Q 041 機内モードって何？

A 携帯電話の電波が送受信されない状態のことです。

iPhoneを機内モードに変更すると、電話の着信や電話回線を使ったデータ通信をシャットアウトできるようになります。ホーム画面で＜設定＞をタップし、＜機内モード＞をオンに切り替えましょう。Wi-Fiの設定とは独立しているので、機内モードのまま無線LANのみ有効にすることもできます。

1 ホーム画面で＜設定＞をタップします。

2 ＜機内モード＞の○をタップします。

3 機内モードがオンになります。

コントロールセンターで切り替えることもできます（Q.034参照）。

第 2 章

電話&連絡先の便利技

042 >>> 056	発信・着信
057 >>> 060	連絡先
061 >>> 068	通話
069 >>> 072	留守番電話
073	転送
074 >>> 075	電話番号

[発信・着信]　6　6 Plus　6s　6s Plus　SE　7　7 Plus　8　8 Plus　X

Q 042 電話をかけたい

A ホーム画面で＜電話＞→＜キーパッド＞をタップして、番号を入力しましょう。

iPhoneで電話をかけたい場合は、まずホーム画面でをタップしましょう。続いて＜キーパッド＞をタップし、任意の番号を入力して●をタップすると電話がかかります。＜連絡先＞に相手の番号を登録している場合は、ホーム画面から→＜連絡先＞をタップし、任意の相手をタップしたあと、電話番号をタップします。相手が電話に出ると通話開始です。通話を終了したいときは、画面下部の●をタップします。

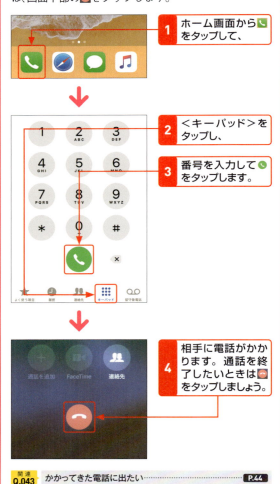

1 ホーム画面から●をタップして、

2 ＜キーパッド＞をタップし、

3 番号を入力して●をタップします。

4 相手に電話がかかります。通話を終了したいときは●をタップしましょう。

関連 Q.043　かかってきた電話に出たい……P.44

[発信・着信]　6　6 Plus　6s　6s Plus　SE　7　7 Plus　8　8 Plus　X

Q 043 かかってきた電話に出たい

A ＜応答＞をタップしましょう。

相手からかかってきた電話に出たいときは、＜応答＞をタップしましょう。通話中は「通話を追加」「スピーカー」といったアイコンが画面に表示されます（Q.061〜063参照）。前者はグループ間で話す場合など、後者は手が使いにくい場合に利用しましょう。本体側面の音量ボタンで音量を調整することも可能です。

＜応答＞をタップします。

スリープ時に着信したときは、●を右方向にドラッグします。

[発信・着信]　6　6 Plus　6s　6s Plus　SE　7　7 Plus　8　8 Plus　X

Q 044 電話に出たくない

A ＜拒否＞をタップすると、アナウンスが流れます。

相手からの着信があっても、出ることができない状況もあります。その場合は＜拒否＞をタップしましょう。相手には留守番電話のアナウンスが流れます。なお、＜メッセージを送信＞をタップすると、「あとでかけ直します。」などのメッセージが送信できます。

＜拒否＞をタップします。

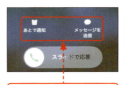

スリープ時に着信したときは、＜あとで通知＞か＜メッセージを送信＞をタップします。

[発信・着信]　6　6 Plus　6s　6s Plus　SE　7　7 Plus　8　8 Plus　X

Q 045 着信音を変更したい

A ＜設定＞→＜サウンドと触覚＞から変更できます。

iPhoneの着信音は「サウンドと触覚」画面で変更できます。ホーム画面から＜設定＞→＜サウンドと触覚＞をタップし、＜着信音＞をタップします。「アップリフト」「きらめき」といった中から任意の項目をタップすると、着信音が変更されます。メッセージの受信音も同様の手順で変更できます。

1. ホーム画面から＜設定＞→＜サウンドと触覚＞→＜着信音＞をタップして、
2. 任意の項目をタップし、
3. ＜サウンドと触覚＞をタップすると、
4. 着信音が変更されます。

そのほかの通知音も、同様の手順で変更できます。

[発信・着信]　6　6 Plus　6s　6s Plus　SE　7　7 Plus　8　8 Plus　X

Q 046 着信音の音量は調節できるの？

A ＜設定＞→＜サウンドと触覚＞で調節できます。

電話の着信音やメールの通知音は、＜設定＞→＜サウンドと触覚＞のスライドバーで調節できます。バーの位置の音量ですぐに再生されるので、適切な音量を確認しながら変更することができます。なお、スライドバー下部の「ボタンで変更」は、オンに設定しておくと、音量ボタンを押したときに通知音の音量を変更できるようになります。オフに設定した場合は、音楽やビデオ再生時の音量が調節されるようになります。＜設定＞アプリから着信音の音量を変更するのが面倒な場合は、オンに設定するとよいでしょう。

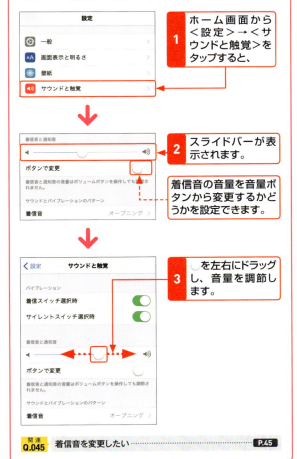

1. ホーム画面から＜設定＞→＜サウンドと触覚＞をタップすると、
2. スライドバーが表示されます。

着信音の音量を音量ボタンから変更するかどうかを設定できます。

3. を左右にドラッグし、音量を調節します。

関連 Q.045　着信音を変更したい ……… P.45

第2章 電話&連絡先の便利技

[発信・着信]　6　6 Plus　6s　6s Plus　SE　7　7 Plus　8　8 Plus　X

Q» 047　着信音が鳴らないようにしたい

A 着信／サイレントスイッチを切り替えましょう。

着信音が鳴らないようにしたいときは、本体側面にある着信／サイレントスイッチを、オレンジの線が見えるようにスライドさせましょう。バイブレーションが有効になります。バイブレーションを無効にしたい場合は、ホーム画面から＜設定＞→＜サウンドと触覚＞→＜着信音＞をタップして、＜バイブレーション＞→＜なし＞をタップします。

着信／サイレントスイッチを、オレンジの線が見えるようにスライドさせると、着信音が鳴りません。

1　ホーム画面から＜設定＞→＜サウンドと触覚＞→＜着信音＞をタップして、＜バイブレーション＞をタップし、

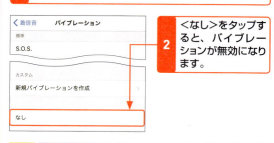

2　＜なし＞をタップすると、バイブレーションが無効になります。

関連 Q.048　着信時に着信音をその場で消したい　……　P.46

[発信・着信]　6　6 Plus　6s　6s Plus　SE　7　7 Plus　8　8 Plus　X

Q» 048　着信時に着信音をその場で消したい

A iPhone本体側面のボタンで消すことができます。

会議中、いきなり電話が鳴り始めて困ったというケースは珍しくありません。このような場合は、音量ボタンもしくはサイドボタンを押すと、着信音が鳴りやみます。また、着信／サイレントスイッチを操作して、バイブレーションに切り替えることができます（Q.047参照）。

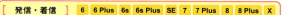

音量ボタン、サイドボタンを押すと、着信音が鳴らなくなります。

[発信・着信]　6　6 Plus　6s　6s Plus　SE　7　7 Plus　8　8 Plus　X

Q» 049　通話中の電話を保留にしたい

A ＜消音＞をタップします。

通話画面で＜消音＞をタップすると、通話中の電話が一時的に保留状態になります。保留中は、相手もこちらも音声をやり取りしない状態となります。保留を解除したいときは、＜消音＞をタップします。

1　＜消音＞をタップすると、保留状態となります。

関連 Q.061　通話中にiPhoneの操作はできる？　……　P.52

[発信・着信] 6 6 Plus 6s 6s Plus SE 7 7 Plus 8 8 Plus X

Q»050 就寝中は電話着信を拒否したい

A おやすみモードを設定します。

就寝中の着信や通知をオフにしたい場合は、「おやすみモード」を設定しましょう。＜設定＞→＜おやすみモード＞→＜おやすみモード＞の ◯ をタップして ◉ にすると、設定されます。この際、＜時間指定＞の ◯ をタップして設定時間を調整したり、特定の通話相手のみ通知を表示させたりすることも可能です。

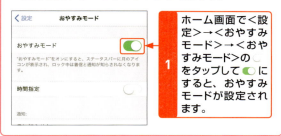

1 ホーム画面で＜設定＞→＜おやすみモード＞→＜おやすみモード＞の ◯ をタップして ◉ にすると、おやすみモードが設定されます。

[発信・着信] 6 6 Plus 6s 6s Plus SE 7 7 Plus 8 8 Plus X

Q»051 ホーム画面からすばやく電話をかけるには

A 📞を押して発信先をタップします。

ホーム画面で📞を押すと、「よく使う項目」が表示されます。ここに発信先を追加しておけば、すばやく電話をかけられます。発信先を「よく使う項目」に追加するには、Q.059手順2の画面で、＜よく使う項目に追加＞→＜電話＞をタップします。

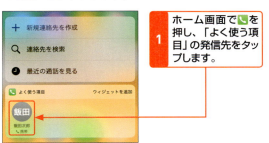

1 ホーム画面で📞を押し、「よく使う項目」の発信先をタップします。

[発信・着信] 6 6 Plus 6s 6s Plus SE 7 7 Plus 8 8 Plus X

Q»052 お気に入りの曲を着信音に設定したい

A iTunesで購入します。

ホーム画面から＜設定＞→＜サウンドと触覚＞→＜着信音＞→＜着信音／通知音ストア＞をタップすると、iTunesの画面に移行するので、お気に入りの曲を購入し、＜設定＞をタップします。着信音にダウンロードした曲が追加されるので、購入した曲をタップすると、着信音として設定することができます。

1 ホーム画面から＜設定＞→＜サウンドと触覚＞をタップし、

2 ＜着信音＞をタップします。

3 ＜着信音／通知音ストア＞をタップして曲を購入後、＜設定＞をタップし、

4 ダウンロードした曲をタップして設定します。

関連 Q.233 iTunes Storeで曲を購入したい P.140

[発信・着信]　6　6 Plus　6s　6s Plus　SE　7　7 Plus　8　8 Plus　X

Q.053 バイブレーションの種類を詳細に設定したい

A 任意の通知項目で＜バイブレーション＞をタップします。

iPhoneでは、通知項目ごとにバイブレーションの種類を設定できます。＜設定＞→＜サウンドと触覚＞をタップし、「サウンドとバイブレーションのパターン」でバイブレーションを設定したい通知項目をタップし、＜バイブレーション＞をタップします。使用するバイブレーションの種類をタップして選択しましょう。

1　ホーム画面から＜設定＞→＜サウンドと触覚＞→設定したい通知項目をタップします。

2　＜バイブレーション＞をタップし、

3　設定したいバイブレーションをタップします。

[発信・着信]　6　6 Plus　6s　6s Plus　SE　7　7 Plus　8　8 Plus　X

Q.054 履歴からリダイヤルしたい

A ＜電話＞から＜履歴＞をタップしましょう。

着信・発信履歴からリダイヤルするときは、ホーム画面からをタップし、下部にある＜履歴＞をタップします。不在着信は赤文字、通話した場合は黒文字で表示され、目的の番号をタップすると、相手に電話をかけることができます。すべての着信を確認するか、不在着信の相手だけを確認するかを選ぶこともできます。

1　ホーム画面からをタップします。

2　＜履歴＞をタップします。

＜不在着信＞をタップすると、不在着信の履歴のみが表示されます。

関連 Q.057　着信履歴から連絡先に登録したい ……… P.50

48

[発信・着信] 6 6 Plus 6s 6s Plus SE 7 7 Plus 8 8 Plus X

Q 055 特定の相手から電話がかかってこないようにしたい

A 着信拒否の設定を行います。

キャリアが用意しているサービスを利用すれば、特定の番号を指定して、その相手からの着信を拒否することができます。＜電話＞アプリから設定を行う場合、着信を拒否したい相手をタップし、＜この発信者を着信拒否＞をタップすると、相手からの着信を拒否することが可能です。また、＜設定＞アプリから設定を行う場合、＜設定＞→＜電話＞→＜着信拒否設定と着信ID＞→＜連絡先を着信拒否＞をタップし、着信拒否したい相手をタップすると設定が完了します。

＜電話＞アプリから設定を行う

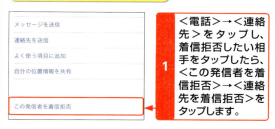

1 ＜電話＞→＜連絡先＞をタップし、着信拒否したい相手をタップしたら、＜この発信者を着信拒否＞→＜連絡先を着信拒否＞をタップします。

＜設定＞アプリから設定を行う

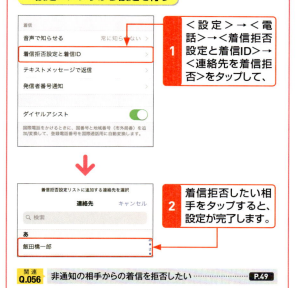

1 ＜設定＞→＜電話＞→＜着信拒否設定と着信ID＞→＜連絡先を着信拒否＞をタップして、

2 着信拒否したい相手をタップすると、設定が完了します。

関連 Q.056 非通知の相手からの着信を拒否したい …… P.49

[発信・着信] 6 6 Plus 6s 6s Plus SE 7 7 Plus 8 8 Plus X

Q 056 非通知の相手からの着信を拒否したい

A 非通知の着信拒否サービスを利用しましょう。

非通知の電話番号からの着信には、迷惑電話も少なくありません。携帯電話を利用していたときは、非通知の電話は一括で拒否していた方も多いのではないでしょうか。iPhone自体に非通知の相手への着信拒否機能は用意されていませんが、auなら「迷惑電話撃退サービス」（月額100円、税別）、ソフトバンクなら「ナンバーブロック」（月額100円、税別）、ドコモなら「迷惑電話ストップサービス」（無料）に申し込むことで、非通知の番号からの着信を拒否することができます。

auの「迷惑電話撃退サービス」は、「auサポート」で＜各種照会〜＞→＜料金プラン〜＞→＜通話・通信〜＞→＜迷惑電話撃退サービス＞をタップして、設定できます。

ソフトバンクでは「ナンバーブロック」に申し込むことで、着信拒否機能を使うことが可能です。

ドコモの「迷惑電話ストップサービス」は、「お客様サポート」で＜メール・パスワードなどの設定＞→＜各種設定メニューの一覧＞→＜通話・メール＞→＜ドコモネットワークサービス＞→＜迷惑電話ストップサービス設定＞をタップして、設定できます。

[連絡先]

Q 057 着信履歴から連絡先に登録したい

A 新規作成、既存データに追加、どちらもできます。

過去に発信または着信した番号は、連絡先に登録することが可能です。ここでは新規登録する場合と、既存の連絡先に電話番号を追加する場合の手順をそれぞれ紹介します。

新しく連絡先を登録する

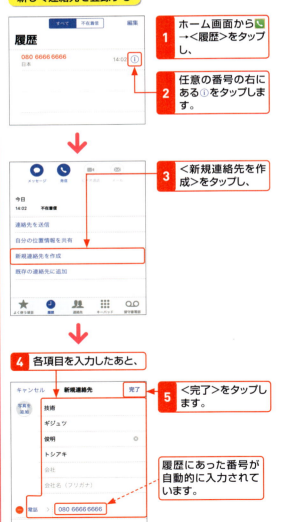

既存の連絡先に電話番号を追加する

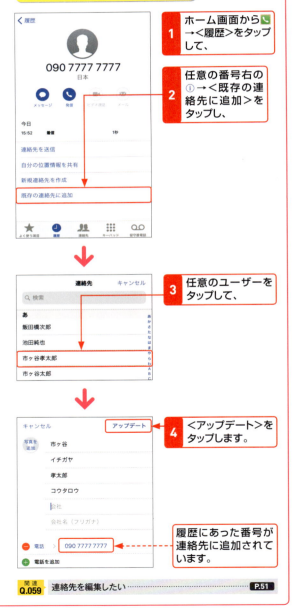

関連 Q.059 連絡先を編集したい …… P.51

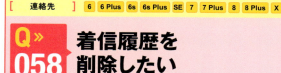

[連絡先]　6　6 Plus　6s　6s Plus　SE　7　7 Plus　8　8 Plus　X

Q≫058 着信履歴を削除したい

A <編集>をタップして、●をタップします。

iPhoneの履歴は個別に削除できます。ホーム画面から📞→<履歴>をタップし、画面右上の<編集>をタップします。続いて●をタップして、<削除>をタップしましょう。

1 ホーム画面から📞→<履歴>→<編集>をタップし、

削除したい履歴の上で左方向にスワイプしても、<削除>が表示されます。

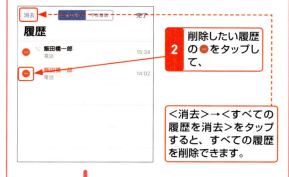

2 削除したい履歴の●をタップして、

<消去>→<すべての履歴を消去>をタップすると、すべての履歴を削除できます。

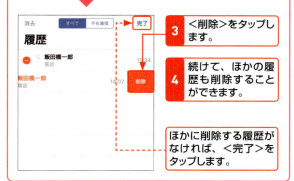

3 <削除>をタップします。

4 続けて、ほかの履歴も削除することができます。

ほかに削除する履歴がなければ、<完了>をタップします。

[連絡先]　6　6 Plus　6s　6s Plus　SE　7　7 Plus　8　8 Plus　X

Q≫059 連絡先を編集したい

A 編集したい連絡先を開き、<編集>をタップしましょう。

<連絡先>は、作成後も電話番号などを変更したり追加したりすることができます。ホーム画面から📞→<連絡先>をタップし、任意の相手をタップします。画面右上の<編集>をタップしたあと、各項目を入力しましょう。なお、<写真を追加>をタップすると、写真が追加できます。連絡先の編集を終えたら、<完了>をタップします。

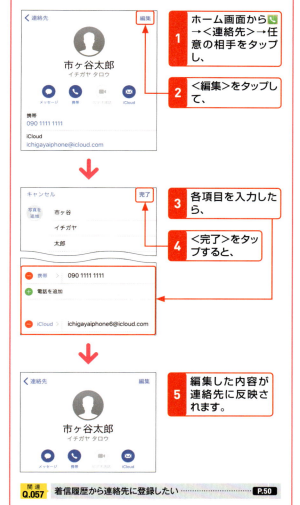

1 ホーム画面から📞→<連絡先>→任意の相手をタップし、

2 <編集>をタップして、

3 各項目を入力したら、

4 <完了>をタップすると、

5 編集した内容が連絡先に反映されます。

関連 Q.057　着信履歴から連絡先に登録したい　P.50

2 電話&連絡先の便利技

[連絡先] 6　6 Plus　6s　6s Plus　SE　7　7 Plus　8　8 Plus　X

Q.060 連絡先に項目を追加したい

A ＜フィールドを追加＞をタップします。

＜連絡先＞には、ニックネームや部署、Twitterのアカウント名やフリーメモなどの項目を追加できます。ホーム画面から📞→＜連絡先＞→任意の相手をタップし、＜編集＞→＜フィールドを追加＞をタップしましょう。

1　Q.059手順3の画面で＜フィールドを追加＞をタップし、

2　追加したい項目をタップします。

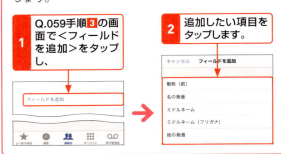

[通話] 6　6 Plus　6s　6s Plus　SE　7　7 Plus　8　8 Plus　X

Q.061 通話中にiPhoneの操作はできる？

A ほかのアプリを使用したり、キーパッドで番号を入力したりできます。

iPhoneでは通話中でも、ほかのアプリを使用することができます。また、アナウンスに従って番号を入力するときは＜キーパッド＞をタップしましょう。

1　通話中に＜キーパッド＞をタップすると、

2　キーパッドが表示されます。

[通話] 6　6 Plus　6s　6s Plus　SE　7　7 Plus　8　8 Plus　X

Q.062 受話音量を調節したい

A iPhone本体横の音量ボタンを押します。

通話中の受話音量は、本体横の音量ボタンで操作します。ボリュームを上げたいときは音量ボタンの上側を、下げたいときは下側を押しましょう。音量は、16段階で調整できます。

1　端末側面の音量ボタンを押すと、

2　音量を16段階で調整できます。

[通話] 6　6 Plus　6s　6s Plus　SE　7　7 Plus　8　8 Plus　X

Q.063 スピーカーを使って通話したい

A 通話中に＜スピーカー＞をタップします。

相手と電話で話している最中、＜スピーカー＞をタップすると、音声がレシーバーからスピーカーに切り替わります。もとに戻す場合は、＜スピーカー＞を再度タップしましょう。

1　＜スピーカー＞をタップすると、

2　音声がスピーカーから流れます。

[通話] 6 6 Plus 6s 6s Plus SE 7 7 Plus 8 8 Plus X

Q» 064 割込通話を利用したい（au）

A auサポートから設定を行います。

au版iPhoneでは、＜Safari＞で「auサポート」にアクセスして、「割込通話サービス」（有料）の利用設定を行います。設定後、ホーム画面で＜設定＞→＜電話＞→＜割込通話＞をタップすると、割込通話のオン／オフを切り替えられます。

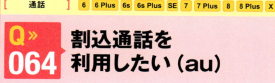

Q.136を参考に「auサポート」にアクセスし、＜各種照会～＞→＜料金プラン～＞→＜通話・通信～＞→＜割込通話サービス＞をタップして設定します。

[通話] 6 6 Plus 6s 6s Plus SE 7 7 Plus 8 8 Plus X

Q» 065 割込通話を利用したい（ソフトバンク）

A My SoftBankから設定を行います。

ソフトバンク版iPhoneの割込通話（有料）の利用設定は、＜Safari＞で「My SoftBank」にログインして行います。iPhone 基本パックに加入している場合、設定は不要です。割込通話のオン／オフの切り替え方法はau版iPhoneと同様です（Q.064参照）。

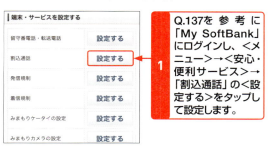

Q.137を参考に「My SoftBank」にログインし、＜メニュー＞→＜安心・便利サービス＞→「割込通話」の＜設定する＞をタップして設定します。

[通話] 6 6 Plus 6s 6s Plus SE 7 7 Plus 8 8 Plus X

Q» 066 割込通話を利用したい（ドコモ）

A ドコモお客様サポートから設定を行います。

ドコモ版のiPhoneでは、＜Safari＞から「ドコモお客様サポート」にアクセスして、「キャッチホン」（有料）の利用設定を行います。なお、ホーム画面で＜設定＞→＜電話＞→＜ドコモサービス＞→＜キャッチホン停止＞をタップするとオフにできます。

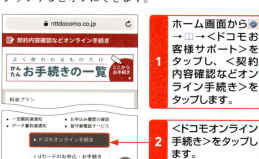

1 ホーム画面から→□→＜ドコモお客様サポート＞をタップし、＜契約内容確認などオンライン手続き＞をタップします。

2 ＜ドコモオンライン手続き＞をタップします。

3 ネットワーク暗証番号を入力して、＜暗証番号確認＞をタップし、

4 ＜キャッチホン＞をタップして、

5 必須項目のチェックボックスをタップしてオンにし、＜次へ＞をタップします。

6 手続き内容を確認したあと、「ドコモオンライン手続き利用規約」のチェックボックスをタップして、

7 ＜手続きを完了する＞をタップします。

53

2 電話&連絡先の便利技

[通話] 6　6 Plus　6s　6s Plus　SE　7　7 Plus　8　8 Plus　X

Q» 067　割込通話に応答したい

A ＜保留して応答＞をタップします。

通話中に第三者からの着信があると、＜通話を終了して応答＞＜留守番電話に転送＞＜保留して応答＞が画面に表示されます。応答したい場合は＜保留して応答＞をタップしましょう。

＜保留して応答＞をタップすると、新しく電話をかけてきた人との通話ができます。

関連 Q.068　割込通話に応答したくない ………… P.54

[通話] 6　6 Plus　6s　6s Plus　SE　7　7 Plus　8　8 Plus　X

Q» 068　割込通話に応答したくない

A ＜留守番電話に転送＞をタップします。

割込通話に応答したくない場合は、＜留守番電話に転送＞をタップします。最初の相手との通話が優先され、留守番電話のメッセージが流れます。

＜留守番電話に転送＞をタップすると、もとの相手との通話が継続されます。

関連 Q.067　割込通話に応答したい ………… P.54

[留守番電話] 6　6 Plus　6s　6s Plus　SE　7　7 Plus　8　8 Plus　X

Q» 069　留守番電話を確認したい

A 📞→＜留守番電話＞をタップします。

iPhoneで留守番電話を利用する条件は、キャリアによって異なります。ドコモでは「留守番電話サービス」（有料）、auでは「お留守番サービスEX」（有料）への加入が必須です。ソフトバンクでは、「スマ放題／スマ放題ライト」以外の場合は無料で留守番電話を利用できますが、「スマ放題／スマ放題ライト」の場合は「留守番電話プラス」（有料）への加入が必須です。

留守番電話を確認する

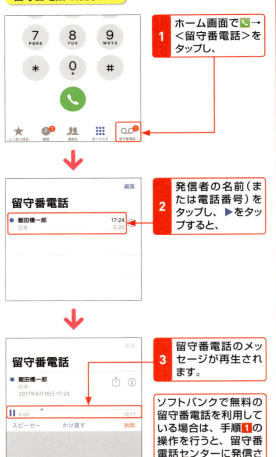

1　ホーム画面で📞→＜留守番電話＞をタップし、

2　発信者の名前（または電話番号）をタップし、▶をタップすると、

3　留守番電話のメッセージが再生されます。

ソフトバンクで無料の留守番電話を利用している場合は、手順1の操作を行うと、留守番電話センターに発信されます。

[留守番電話]　6　6 Plus　6s　6s Plus　SE　7　7 Plus　8　8 Plus　X

Q.070 留守番電話メッセージを削除したい

A 削除したいメッセージを選択し、＜削除＞をタップします。

留守番電話のメッセージを削除するには、＜電話＞アプリの「留守番電話」画面で、削除したいメッセージを選択して＜削除＞をタップします。なお、ソフトバンク版で「留守番電話プラス」に加入していない場合は、留守番電話センターへ発信し、キーパッドで＜7＞をタップすると、削除が行えます。

1 ホーム画面から📞→＜留守番電話＞をタップします。
2 削除したいメッセージをタップし、
3 ＜削除＞をタップします。

留守番電話プラスを契約していない場合（ソフトバンク）

1 ホーム画面から📞→＜留守番電話＞をタップすると、留守番電話センターに発信します。
2 削除したいメッセージが流れたら、＜7＞をタップします。

関連 Q.069　留守番電話を確認したい　P.54

[留守番電話]　6　6 Plus　6s　6s Plus　SE　7　7 Plus　8　8 Plus　X

Q.071 削除したメッセージをもとに戻したい

A 削除したいメッセージを選択し、＜削除を取消す＞をタップします。

削除した留守番電話のメッセージの履歴は、もとに戻すことができます（加入方法の詳細はQ.069を参照）。ホーム画面から📞→＜留守番電話＞→＜削除したメッセージ＞→任意のメッセージをタップし、＜削除を取消す＞をタップすると、削除したメッセージをもとに戻すことができます。なお、ソフトバンク版でメッセージをもとに戻すには、「留守番電話プラス」への加入が必要です。

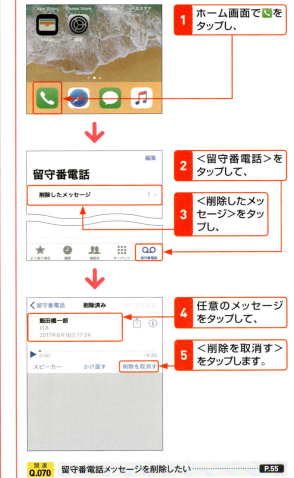

1 ホーム画面で📞をタップし、
2 ＜留守番電話＞をタップして、
3 ＜削除したメッセージ＞をタップし、
4 任意のメッセージをタップして、
5 ＜削除を取消す＞をタップします。

関連 Q.070　留守番電話メッセージを削除したい　P.55

[留守番電話]　　　　　　　　　　　　　6　6 Plus　6s　6s Plus　SE　7　7 Plus　8　8 Plus　X

Q 072 オリジナルの応答メッセージを設定したい

A キャリアごとに作成方法が異なります。

留守番電話の音声ガイダンスは、自分の声などに変更することが可能です。ここでは主にドコモ版のiPhoneの、音声の録音から設定までの手順を紹介します。ソフトバンク版では、同様に「1416」に発信しますが、au版のiPhoneで「1416」に発信しても、オリジナルの応答メッセージを設定することはできません。

ドコモ版の場合

1　ホーム画面から 📞 →＜キーパッド＞をタップし、「1416」と入力してから 📞 をタップします。

2　＜キーパッド＞をタップし、

3　ガイダンスに従って番号をタップしたあと、1分以内にメッセージを吹き込みます。

4　＜#＞をタップして録音を終了し、

5　ドコモ版の場合は＜1＞→＜*＞→＜*＞をタップすると、設定が完了します。

ソフトバンク版では、＜9＞をタップしてメッセージを保存後、ガイダンスに従って操作すれば、設定が完了します。

[転送]　6　6 Plus　6s　6s Plus　SE　7　7 Plus　8　8 Plus　X

Q 073 かかってきた電話を転送したい

A 自動転送機能を利用しましょう。

iPhoneでは通話を別の電話番号に転送することができます。ここではドコモ、ソフトバンク、auそれぞれの方法を説明します。

ドコモ：ドコモお客様サポートから申し込む

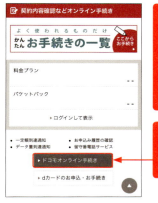

1. ホーム画面から → 🗺 → ＜My docomo（お客様サポート）＞をタップし、＜契約内容確認などオンライン手続き＞をタップします。

2. ＜ドコモオンライン手続き＞をタップして、ログインを完了します。

3. ＜転送でんわサービス＞をタップし、

4. 必須項目のチェックボックスをタップしてオンにし、＜次へ＞をタップします。

5. 手続き内容を確認したあと、「ドコモオンライン手続き利用規約」のチェックボックスをタップして、

6. ＜手続きを完了する＞をタップします。

ソフトバンク：＜設定＞で＜自動電話転送＞をオンにする

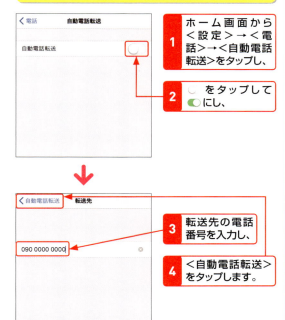

1. ホーム画面から＜設定＞→＜電話＞→＜自動電話転送＞をタップし、

2. ○ をタップして ●にし、

3. 転送先の電話番号を入力し、

4. ＜自動電話転送＞をタップします。

au：4桁の番号＋転送先の電話番号を入力し、＜発信＞をタップする

無応答転送	「1422」＋転送先の電話番号	応答できなかったときや電源が切れていた場合に、電話を転送します。
話中転送	「1423」＋転送先の電話番号	通話中にかかってきた電話を転送します。
フル転送	「1424」＋転送先の電話番号	着信したすべての電話を転送します。
選択転送	「1425」＋転送先の電話番号	着信時に選択した端末へ電話を転送します。
転送停止	「1420」	転送サービスを停止します。

57

[電話番号] 6 6 Plus 6s 6s Plus SE 7 7 Plus 8 8 Plus X

Q» 074 非通知で電話をかけたい

A ＜設定＞で＜発信者番号通知＞をオフに切り替えましょう。

非通知の設定手段は2つあります。1つは番号の前に「184」を入力して発信する方法、もう1つは＜設定＞アプリで＜発信者番号通知＞をオフに切り替えるという方法です。ここでは後者の手順を説明します。なお、au版iPhoneでは、iPhone 6以降（iPhone SE含む）の機種で音声4Gがオンの場合のみ、＜発信者番号通知＞をオフにできます。ホーム画面で＜設定＞→＜モバイルデータ通信＞→＜通信のオプション＞→＜4Gをオンにする＞→＜音声通話とデータ＞をタップし、音声4Gをオンにしたうえで（iPhone 8以降では設定不要）、以下の手順を行ってください。

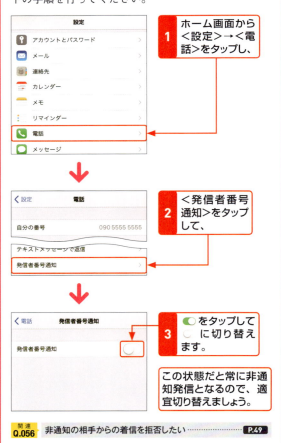

関連 Q.056 非通知の相手からの着信を拒否したい ……… P.49

[電話番号] 6 6 Plus 6s 6s Plus SE 7 7 Plus 8 8 Plus X

Q» 075 自分の電話番号を確認したい

A ホーム画面から＜設定＞→＜電話＞をタップします。

自分の電話番号は、ホーム画面から＜設定＞→＜電話＞をタップして確認することができます。また、📞→＜連絡先＞をタップすると、同じく電話番号が画面上部に表示されています。

第**3**章

文字入力の便利技

076 >>> 078	キーボード
079 >>> 092	入力
093 >>> 095	記号・特殊文字
096 >>> 099	応用
100	音声入力
101 >>> 103	便利技

[キーボード]　6　6 Plus　6s　6s Plus　SE　7　7 Plus　8　8 Plus　X

Q»076 iPhoneで使える キーボードの種類は？

A 日本語かな、絵文字、English（Japan）が使えます。

標準では、日本語かな／絵文字／English（Japan）という3種類のキーボードを利用することができます。さらに日本語ローマ字や別言語のキーボードを追加／削除することも可能です（Q.081、Q.101参照）。パソコン感覚で文字を入力したり、英語以外で連絡を取り合うときに利用しましょう。他社製のキーボードを利用することも可能です（Q.077参照）。

日本語かなキーボード

従来の携帯電話と同じキー配列のキーボードです（Q.079参照）。

絵文字キーボード

絵文字を入力できるキーボードです（Q.094参照）。

English（Japan）キーボード

パソコンのキーボードと同じキー配列で、英字を入力できるキーボードです（Q.091参照）。

日本語ローマ字キーボード

パソコンのキーボードと同じキー配列で、日本語を入力できるキーボードです。別途設定を行うことで、利用できるようになります（Q.081参照）。

[キーボード]　6　6 Plus　6s　6s Plus　SE　7　7 Plus　8　8 Plus　X

Q»077 キーボードの種類を 増やしたい

A サードパーティ製のキーボードをiPhoneにインストールします。

キーボードの種類を増やしたい場合は、＜App Store＞からサードパーティ製のキーボードをiPhoneにインストールしてみましょう。新しいキーボードを利用することができます。ぜひ自分に合ったサードパーティ製キーボードを探して、文字の入力操作をより快適に行いましょう。

サードパーティ製キーボードを導入する

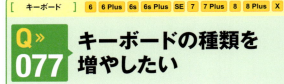

1 Q.313を参照して、サードパーティ製のキーボードをiPhoneにインストールします。

2 Q.081手順1を参照して新しいキーボードの追加画面を表示し、

3 ＜新しいキーボードを追加＞をタップします。

4 手順1でインストールしたキーボード名をタップします。

関連 Q.078　キーボードの種類を切り替えたい……………… P.61

[キーボード] 6 6 Plus 6s 6s Plus SE 7 7 Plus 8 8 Plus X

Q 078 キーボードの種類を切り替えたい

A ⊕をタップして切り替えます。

iPhoneではキーボードの⊕をタップするたびに、キーボードが切り替わります。絵文字キーボードでは＜ABC＞や＜あいう＞をタップします。また、キーボードの⊕をタッチすると、キーボードリストが表示されます。使いたいキーボードをタップすると、キーボードが切り替わります。キーボード名が表示されるので、キーボードを追加している場合（Q.081参照）はとくに使いやすい機能です。

1 ⊕をタッチして、

2 任意のキーボード名をタップすると、

3 キーボードの種類が切り替わります。

関連 Q.081 日本語ローマ字キーボードを追加したい……P.62

[入力] 6 6 Plus 6s 6s Plus SE 7 7 Plus 8 8 Plus X

Q 079 日本語かな入力で日本語を入力したい

A 日本語かなキーボードで入力します。

iPhoneに用意されている日本語かなキーボードは、従来の携帯電話と同じキー配列となっています。相手にメールなどを送信したいときは、入力したい文字が画面に表示されるまで、あ行～わ行のキーをタップし、本文を作成していきます。最初のうちは戸惑うかもしれませんが、操作をくり返していくうちに慣れていくでしょう。

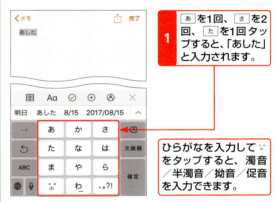

1 [あ]を1回、[さ]を2回、[た]を1回タップすると、「あした」と入力されます。

ひらがなを入力して゛をタップすると、濁音／半濁音／拗音／促音を入力できます。

同じ文字を続けて2回打ち込む場合は、→をタップしましょう。たとえば「たた」と入力したいときは[た]をタップして→をタップし、もう一度[た]をタップします。⤺をタップすると1つ前の文字に戻るので、入力したい文字を過ぎてしまった際に活用しましょう。＜確定＞をタップすると、入力内容が確定します。

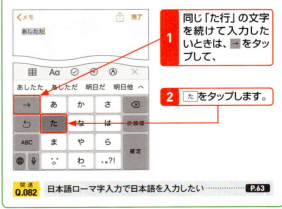

1 同じ「た行」の文字を続けて入力したいときは、→をタップして、

2 [た]をタップします。

関連 Q.082 日本語ローマ字入力で日本語を入力したい……P.63

61

3 文字入力の便利技

[入力] 6 6 Plus 6s 6s Plus SE 7 7 Plus 8 8 Plus X

Q»080 フリック入力がしたい

A キーを上下左右にドラッグします。

フリック入力とは、日本語かなキーボードをドラッグして文字を入力する方法です。

タッチで操作する

最初はキーをタッチする方法で入力してみましょう。たとえば、「こ」を入力する場合、「か」をタッチすると、左に「き」、上に「く」、右に「け」、下に「こ」が表示されます。このとき、指を下方向に移動させると、「こ」が入力されます。「か」を入力したい場合は、そのまま指を離します。

1 キーをタッチして、上下左右にドラッグします。

ドラッグで操作する

文字の配置を覚えたら、タッチせずにドラッグ操作をして文章を作成してみましょう。たとえば「ち」を入力する場合、「た」を左方向にドラッグすると、「ち」が入力されます。キーをタップし続けるよりもすばやく文字を入力することができます。

1 キーを上下左右にドラッグします。

[入力] 6 6 Plus 6s 6s Plus SE 7 7 Plus 8 8 Plus X

Q»081 日本語ローマ字キーボードを追加したい

A ＜設定＞から操作を行います。

パソコンでおなじみの日本語ローマ字入力ですが、iPhone 6s以降では、初期状態では日本語ローマ字キーボードを表示させることができません。利用したい場合は、ホーム画面で＜設定＞→＜一般＞をタップし、＜キーボード＞→＜キーボード＞をタップします。＜新しいキーボードを追加＞をタップしたあと、＜日本語＞→＜ローマ字＞→＜完了＞をタップしましょう。以降は、キーボードでを何度かタップすると、日本語ローマ字キーボードが表示されます。

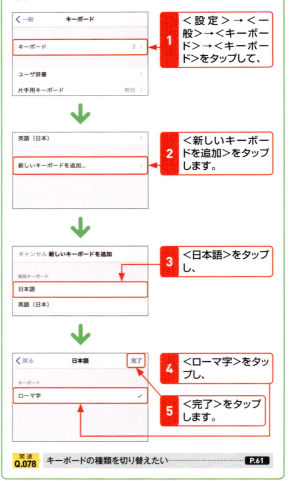

1 ＜設定＞→＜一般＞→＜キーボード＞→＜キーボード＞をタップして、

2 ＜新しいキーボードを追加＞をタップします。

3 ＜日本語＞をタップし、

4 ＜ローマ字＞をタップし、

5 ＜完了＞をタップします。

関連 Q.078 キーボードの種類を切り替えたい……P.61

[入力]

日本語ローマ字入力で日本語を入力したい

A 日本語ローマ字キーボードで入力します。

ローマ字で日本語を入力する場合は、日本語ローマ字キーボードを使用します。パソコンと同じキー配列となっているので、パソコンの操作に慣れた人はすぐに使いこなすことができるでしょう。
入力した文字を消去するには⌫を、入力した文字を確定するには、＜確定＞をタップします。

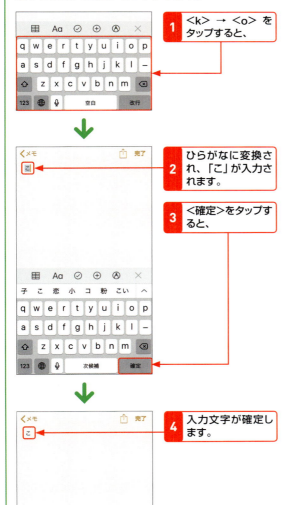

1 ＜k＞ → ＜o＞ をタップすると、

2 ひらがなに変換され、「こ」が入力されます。

3 ＜確定＞をタップすると、

4 入力文字が確定します。

アルファベットを入力する

日本語ローマ字キーボードでは、アルファベットを入力することも可能です。入力したいキーをタッチすると、バルーンが表示されます。バルーン内には、全角と半角のアルファベットが表示されます。そのままドラッグすると、選択したアルファベットが入力されます。
大文字のアルファベットを入力したい場合は、⇧をタップしてから、キーをタッチします。入力した文字を消去したいときは、⌫をタップします。

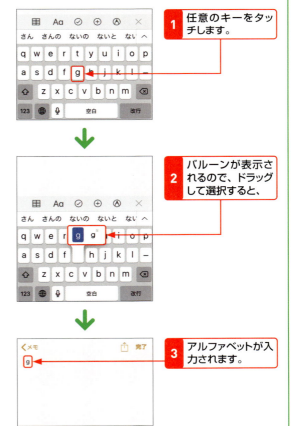

1 任意のキーをタッチします。

2 バルーンが表示されるので、ドラッグして選択すると、

3 アルファベットが入力されます。

関連 Q.079 日本語かな入力で日本語を入力したい ･･････ P.61

3 文字入力の便利技

[入力]

Q» 083 漢字に変換したい

A 変換候補から選択します。

日本語かなキーボードまたは日本語ローマ字キーボードでひらがなを入力すると、カタカナやアルファベット、漢字の変換候補が複数表示されます。左右にスワイプして、入力したい候補を探し、タップすると文字が入力されます。なお、変換候補は直近の入力順に表示されます。

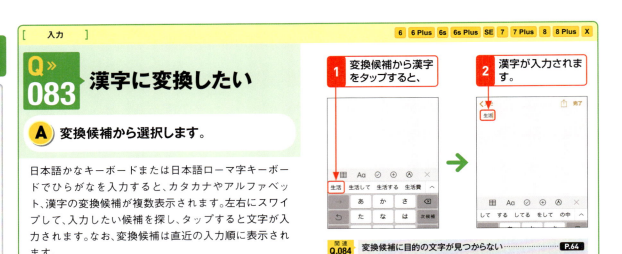

関連 Q.084 変換候補に目的の文字が見つからない ……… P.64

[入力]

Q» 084 変換候補に目的の文字が見つからない

A 変換候補を一覧表示しましょう。

キーボード上に変換候補が表示された際、画面右側の∧をタップすると、より多くの候補が一覧で表示されます。＜読み＞や＜部首＞をタップして、検索範囲を絞り込むことも可能です。なかなか目的の文字が見つからないときに、活用しましょう。∨をタップすれば、もとの入力画面に戻ります。

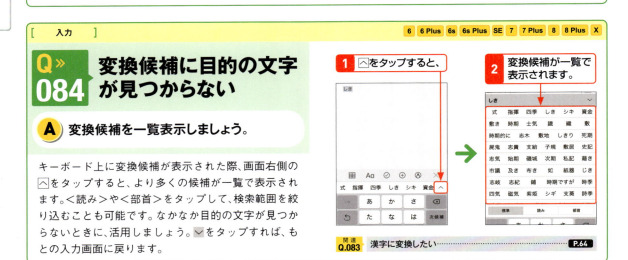

関連 Q.083 漢字に変換したい ……… P.64

[入力]

Q» 085 変換履歴を消したい

A 辞書をリセットすることで、消せます。

ホーム画面で＜設定＞→＜一般＞→＜リセット＞→＜キーボードの変換学習をリセット＞→＜変換学習をリセット＞をタップします。必要に応じてパスコードを入力しましょう。また、＜設定＞→＜一般＞→＜キーボード＞をタップし、＜予測＞の●をタップして○にすると、予測表示を消せます（English（Japan）のみ）。

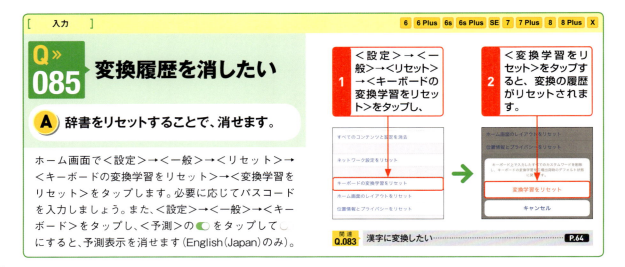

関連 Q.083 漢字に変換したい ……… P.64

[入力] 6 6 Plus 6s 6s Plus SE 7 7 Plus 8 8 Plus X

Q»086 文章をコピー&ペーストしたい

A 吹き出しメニューを利用します。

吹き出しメニューを使うと、指定した範囲の文章をコピーすることができます。コピーした文章はiPhoneに記憶されるので、同じファイルだけではなく、別の文字入力画面やアプリにペーストすることもできます。なお、コピーできる文章は1件です。別の文章をコピーした場合は、常に最新の1件だけが記憶されます。コピーした文章をペーストしたいときは、文章をタッチしてペーストしたい位置にカーソルを移動し、<ペースト>をタップします。

文章をコピーする

1 任意のキーワードをタッチし、指を離します。

2 <選択>をタップし、 と をドラッグして範囲を調整して、

3 <コピー>をタップします。

文章をペーストする

1 ペーストしたい位置をタッチし、

2 指を離して<ペースト>をタップすると、文章が貼り付けられます。

[入力] 6 6 Plus 6s 6s Plus SE 7 7 Plus 8 8 Plus X

Q»087 文字を削除したい

A をタップします。

文字を確定する前でも、文字を確定したあとでも、 をタップすると、カーソルの左側の文字が削除されます。 をタッチすると、連続で文字が削除されます。また、削除する範囲を指定（Q.086参照）して をタップすると、指定した範囲の文字をまとめて削除することができます。

文字を削除する

1 をタップすると、文字を削除できます。

指定した範囲の文字をまとめて削除する

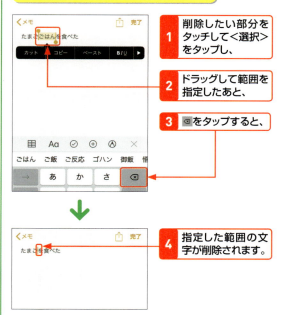

1 削除したい部分をタッチして<選択>をタップし、

2 ドラッグして範囲を指定したあと、

3 をタップすると、

4 指定した範囲の文字が削除されます。

3 文字入力の便利技

[入力] 6 6 Plus 6s 6s Plus SE 7 7 Plus 8 8 Plus X

Q» 088 長い文章をまとめて選択したい

A 吹き出しメニューを利用します。

本文の作成画面で任意の箇所をタッチしてから指を離すと、＜選択＞＜全選択＞＜ペースト＞などと表示された吹き出しメニューが表示されます。そのうちの＜全選択＞をタップすると、すべての文章を選択することができます。

1 任意の箇所をタッチしてから指を離し、
2 ＜全選択＞をタップすると、
3 すべての文章が選択されます。

| 関連 Q.086 | 文章をコピー&ペーストしたい……P.65 |
| 関連 Q.087 | 文字を削除したい……P.65 |

[入力] 6 6 Plus 6s 6s Plus SE 7 7 Plus 8 8 Plus X

Q» 089 目的の場所に文字を挿入したい

A 拡大鏡を利用します。

カーソルは画面をタップして移動できますが、思いどおりの場所に移動できないことがあります。その場合は、拡大鏡を使って拡大表示し、カーソルを目的の場所に確実に移動させます。画面をタッチすると拡大鏡が表示され、タッチしている辺りが拡大表示されます。拡大鏡の中にはカーソルが表示されています。そのまま指を移動させると、拡大鏡とカーソルが移動して、目的の場所にカーソルを表示できます。指を離すと拡大鏡が消え、吹き出しメニューが表示されます。

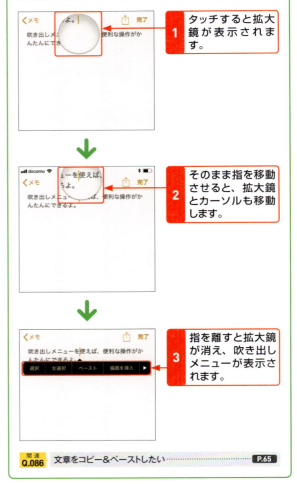

1 タッチすると拡大鏡が表示されます。
2 そのまま指を移動させると、拡大鏡とカーソルも移動します。
3 指を離すと拡大鏡が消え、吹き出しメニューが表示されます。

| 関連 Q.086 | 文章をコピー&ペーストしたい……P.65 |

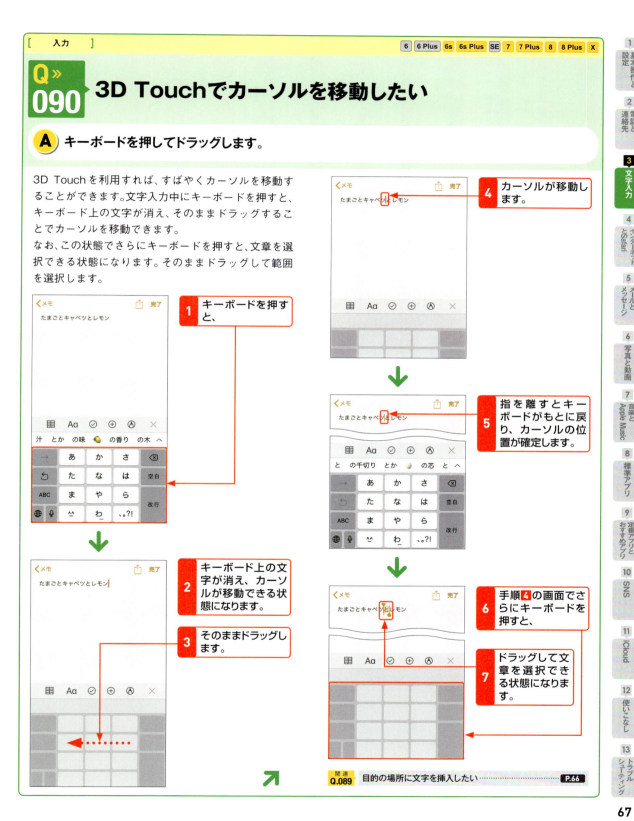

3 文字入力の便利技

[入力] 6 6 Plus 6s 6s Plus SE 7 7 Plus 8 8 Plus X

Q»091 アルファベットを入力したい

A English（Japan）キーボードで入力します。

アルファベットを入力する場合は、English（Japan）キーボードを使用すると便利です。行頭にカーソルがあるときは⬆が表示され、自動的に大文字が入力できます。1文字入力すると⇧に変わり、小文字入力になります。大文字を連続して入力するには、⇧をダブルタップして⬆にします。

1 ⬆の状態でキーボードをタップすると、

2 最初の文字のみ大文字で入力されます。

3 ⇧をダブルタップし、

4 ⬆にすると、

5 大文字を連続して入力できます。

[入力] 6 6 Plus 6s 6s Plus SE 7 7 Plus 8 8 Plus X

Q»092 数字や記号を入力したい

A 数字入力モードで入力します。

各種キーボードを数字入力モードにすると、数字や記号を入力することができます。日本語かな入力の場合は、＜ABC＞→＜☆123＞をタップすると、数字入力モードに切り替わります。各キーに数字や記号が割り当てられているので、目的のキーをタップして数字や記号を入力します。日本語ローマ字キーボードやEnglish（Japan）キーボードの場合は、＜123＞をタップすると、数字入力モードに切り替わります。＜#+=＞／＜123＞をタップすれば、数字入力モードと記号入力モードを切り替えることができます。また、「きごう」と入力し、変換候補から記号を入力することもできます。

日本語かなキーボードの場合

1 ＜ABC＞→＜☆123＞をタップすると、数字入力モードに切り替わります。各キーに数字や記号が割り当てられています。

日本語ローマ字キーボード／English（Japan）キーボードの場合

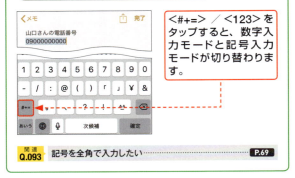

＜#+=＞／＜123＞をタップすると、数字入力モードと記号入力モードが切り替わります。

関連 Q.093 記号を全角で入力したい ……… P.69

[記号・特殊文字]

Q 093 記号を全角で入力したい

A バルーンを利用します。

キーボードで記号を入力すると、日本語入力の場合でも半角で入力されます。全角の記号を入力するには、バルーンを利用します。日本語ローマ字キーボードの記号のキーをタッチすると、バルーンが表示されます。バルーン内には全角と半角の記号が表示されるので、ドラッグして全角記号を選択します。

関連 Q.092 数字や記号を入力したい……P.68

[記号・特殊文字]

Q 094 絵文字を入力したい

A 絵文字キーボードを利用します。

絵文字を入力したいときは、🌐をタッチし、＜絵文字＞をタップします。どのようなものを入力したいか決まっている場合は、画面下の😀😺🐶🍎⚽🚗💡🔣をタップして、カテゴリの中から探しましょう。左右にスワイプするとページが切り替わります。その後、任意の絵文字をタップすると、選択した絵文字が入力されます。

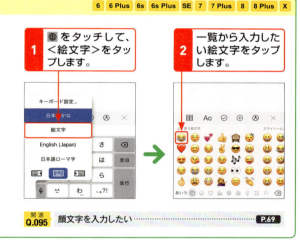

関連 Q.095 顔文字を入力したい……P.69

[記号・特殊文字]

Q 095 顔文字を入力したい

A ^_^ をタップします。

iPhoneでは、日本語かなキーボードで顔文字を入力することができます。🌐を使って、日本語かなキーボードに切り替えましょう。^_^ をタップして、候補の右端に表示される へ をタップします。その後、一覧表示された中から任意の顔文字をタップすると、選択した顔文字が入力されます。

関連 Q.094 絵文字を入力したい……P.69

3 文字入力の便利技

[応用] 6 6 Plus 6s 6s Plus SE 7 7 Plus 8 8 Plus X

Q 096 間違って入力した英単語を修正したい

A 吹き出しメニューを利用します。

English（Japan）キーボード使用時であれば、スペルが誤って入力されていた場合、単語の下に赤色の点線が表示されます。正しいスペルに修正したい場合は、その英単語をタップすると、文字の上に正しいスペルの候補が表示されるので、タップします。
また、英単語をすばやくダブルタップしてから▶→＜置き換える＞をタップしても、同様に正しいスペルの候補が表示されます。自身に合った方法を覚えておきましょう。

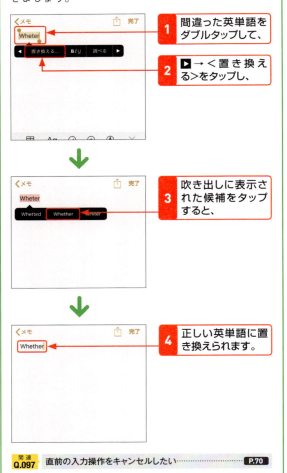

1 間違った英単語をダブルタップして、
2 ▶→＜置き換える＞をタップし、
3 吹き出しに表示された候補をタップすると、
4 正しい英単語に置き換えられます。

関連 Q.097 直前の入力操作をキャンセルしたい……P.70

[応用] 6 6 Plus 6s 6s Plus SE 7 7 Plus 8 8 Plus X

Q 097 直前の入力操作をキャンセルしたい

A iPhoneを振ります。

文字の入力後にiPhoneを振ると、操作の取り消し画面が表示されます。＜取り消す＞をタップすると、直前の入力操作をキャンセルして、画面をもとに戻すことができます。また、直前の入力操作をキャンセルしたあとで、再度iPhoneを振ると、「やり直す - 入力」の選択項目が表示されます。＜やり直す - 入力＞をタップすると、操作の取り消しで削除された文字が、再び画面に表示されます。取り消し画面は、文字の入力をキャンセルする場合だけでなく、削除やコピー＆ペーストなど、文字入力に関する編集操作すべてで使用できます。いちいち文字を削除したり再入力したりする手間が省けるので、覚えておくと便利です。

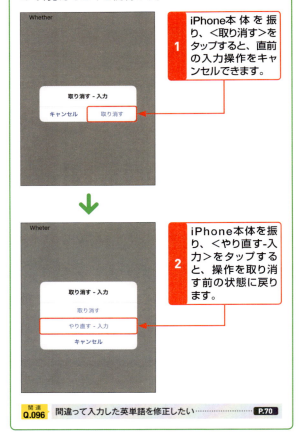

1 iPhone本体を振り、＜取り消す＞をタップすると、直前の入力操作をキャンセルできます。
2 iPhone本体を振り、＜やり直す-入力＞をタップすると、操作を取り消す前の状態に戻ります。

関連 Q.096 間違って入力した英単語を修正したい……P.70

[応用] 6 6 Plus 6s 6s Plus SE 7 7 Plus 8 8 Plus X

Q» 098 よく使う単語をかんたんに入力したい

A ユーザ辞書に登録します。

よく使う単語や、通常変換されないような単語をユーザ辞書に登録すると、登録したよみを入力するだけで、変換候補にその単語が表示されるようになり、入力の手間を省略することができます。たとえば、「いつもお世話になっております」という単語を、「いつも」というよみで登録した場合、文字入力画面で「いつも」と入力すると、変換候補に「いつもお世話になっております」が表示されます。

ユーザ辞書に単語を登録するには、ホーム画面で＜設定＞→＜一般＞→＜キーボード＞→＜ユーザ辞書＞→＋をタップし、変換する「単語」と単語を表示する「よみ」を入力します。＜保存＞をタップすると、単語がユーザ辞書に登録されます。

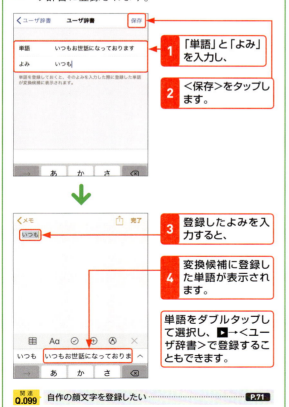

1 「単語」と「よみ」を入力し、
2 ＜保存＞をタップします。
3 登録したよみを入力すると、
4 変換候補に登録した単語が表示されます。

単語をダブルタップして選択し、▶→＜ユーザ辞書＞で登録することもできます。

関連 Q.099 自作の顔文字を登録したい ……… P.71

[応用] 6 6 Plus 6s 6s Plus SE 7 7 Plus 8 8 Plus X

Q» 099 自作の顔文字を登録したい

A ユーザ辞書を利用します。

ユーザ辞書を利用すれば、自作の顔文字を登録することができます。登録した顔文字は、文字入力画面で^^をタップすると、顔文字の一覧に表示されます。

顔文字を登録するには、ホーム画面で＜設定＞→＜一般＞→＜キーボード＞→＜ユーザ辞書＞→＋をタップし、ユーザ辞書の「よみ」に「☺」を入力する必要があります。「☺」は通常の文字入力では入力できないので、日本語かなキーボードで^^をタップして「(°●-●°)」を入力し、☺以外の余計な文字を削除し、「単語」に自作の顔文字を入力して、＜保存＞をタップすると、入力した顔文字が登録されます。

1 「単語」に顔文字、「よみ」に「☺」を入力し、
2 ＜保存＞をタップします。
3 ^^をタップすると、登録した顔文字が顔文字一覧に表示されます。

関連 Q.098 よく使う単語をかんたんに入力したい P.71

3 文字入力の便利技

[音声入力]　6　6 Plus　6s　6s Plus　SE　7　7 Plus　8　8 Plus　X

Q.100 音声で文字を入力できる？

A 🎤 をタップします。

文字入力画面で🎤 をタップすると、音声で文字を入力することができます。なお、初回起動時では、音声入力を有効にするか確認を求められるので、＜音声入力を有効にする＞をタップします。「ピッ」と音が鳴ったら、マイクに向かって入力したい文字を話します。🎤 をタップすると、話した内容が文字で入力されます。

1 マイクに向かって入力したい内容を話し、🎤 をタップします。

[便利技]　6　6 Plus　6s　6s Plus　SE　7　7 Plus　8　8 Plus　X

Q.102 大文字が勝手に入力されるのを止めたい

A 自動大文字入力をオフにします。

初期状態では、English（Japan）キーボードでメールの本文を入力したときなどに、文頭のアルファベットが大文字で入力されます。ホーム画面で＜設定＞→＜一般＞→＜キーボード＞をタップし、＜自動大文字入力＞の ◯ をタップして ◯ にすると、文字入力中に ⇧ をタップしない限り、大文字のアルファベットが入力されなくなります。

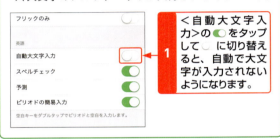

1 ＜自動大文字入力＞の ◯ をタップして ◯ に切り替えると、自動で大文字が入力されないようになります。

[便利技]　6　6 Plus　6s　6s Plus　SE　7　7 Plus　8　8 Plus　X

Q.101 必要ないキーボードを削除したい

A ＜設定＞でキーボードを削除します。

ホーム画面で＜設定＞→＜一般＞→＜キーボード＞→＜キーボード＞→＜編集＞をタップし、削除したいキーボードの ● →＜削除＞→＜完了＞をタップすると、キーボードが削除されます。

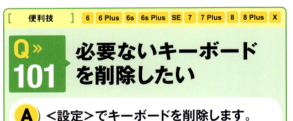

1 削除したいキーボードの ● をタップし、

2 ＜削除＞→＜完了＞をタップすると、キーボードが削除できます。

関連 Q.081　日本語ローマ字キーボードを追加したい　P.62

[便利技]　6　6 Plus　6s　6s Plus　SE　7　7 Plus　8　8 Plus　X

Q.103 キーボードの操作音が鳴らないようにしたい

A キーボードのタップ音を消します。

キーボードをタップしたときに、音が鳴らないように設定できます。ホーム画面で＜設定＞→＜サウンドと触覚＞をタップし、＜キーボードのクリック＞の ◯ をタップして ◯ に設定します。着信／サイレントスイッチを使用して、キーボードのタップ音を消すこともできます（Q.033参照）。

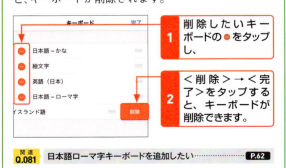

1 ＜キーボードのクリック＞の ◯ をタップして ◯ に設定すると、キーボードのタップ音が消えます。

第 **4** 章

インターネット&
Safariの便利技

104 >>> 111	Wi-Fi
112 >>> 127	Safari
128 >>> 129	ブックマーク
130 >>> 131	リーディングリスト
132	便利技

[Wi-Fi]　6　6 Plus　6s　6s Plus　SE　7　7 Plus　8　8 Plus　X

Q.104 無線LANを使うには何が必要？

A 「SSID」と「パスワード」が必要です。

iPhoneで自宅などの無線LANに接続したい場合は、「SSID」と「パスワード」の2つが必要になります。SSIDとは、いわばネットワークの名前です。無線LANは電波でデータを送受信するため、電波が届く範囲内にあるどのネットワークにつなぐのか、名前を指定する必要があります。SSIDは、無線LANのルーター購入時に同梱されているシールや書面に記載されていることが一般的です。

iPhoneを無線LANに接続するには、ホーム画面で＜設定＞アプリを起動して＜Wi-Fi＞をタップし、＜Wi-Fi＞をオンにします。現在接続できるネットワークの候補がSSIDで表示されるので、任意のSSIDをタップして、必要に応じてパスワードを入力します。パスワードはセキュリティキーとも呼ばれ、ルーターの購入後に自身でパソコンから設定するか、接続先ネットワークのWebサイトなどで確認できるので、事前に調べておきましょう。

無線LANに接続する際、ネットワーク（接続するSSID）の候補が表示されます。表示されない場合は、＜その他＞をタップし、ネットワーク名とパスワードを入力して接続してください。

のマークが付いたネットワークに接続するには、パスワードが必要になります。

関連 Q.106 公衆無線LANサービスを利用したい　P.75

[Wi-Fi]　6　6 Plus　6s　6s Plus　SE　7　7 Plus　8　8 Plus　X

Q.105 自宅で無線LANに接続するには

A Wi-Fiルーターが必要です。

自宅でiPhoneをWi-Fiに接続する場合は、インターネット回線とWi-Fiルーターなどのアクセスポイントが必要です。Wi-Fiルーターとは、スマートフォンやパソコンなどのWi-Fiが利用可能な端末を、無線でインターネットにつなぐための機器です。

なお、自宅でWi-Fiに接続するためには、使用するアクセスポイントのネットワーク名やパスワードが必要になります。これらの情報は、取扱説明書やWi-Fiルーター本体で確認することができます。

1 自宅にWi-Fiルーターを設置します。

2 ホーム画面から＜設定＞→＜Wi-Fi＞をタップし、

3 ＜Wi-Fi＞の○をタップして●にします。

4 使用するネットワーク名をタップし、パスワードを入力して接続します。

74

[Wi-Fi]　　6　6 Plus　6s　6s Plus　SE　7　7 Plus　8　8 Plus　X

Q 106 公衆無線LANサービスを利用したい

 A 無料のものから月額プランのものまで、さまざまなサービスがあります。

公衆無線LANのサービスは、Q.107以降で紹介する各キャリアの提供しているWi-Fiスポット以外にもたくさんあります。大手コンビニエンスストアのローソンが提供している「LAWSON Wi-Fiサービス」は、メールアドレスの入力が必要ですが、店内で無線LANを無料で利用できます。接続するにはローソンの店内でiPhoneのWi-Fiをオンにし、＜LAWSON_Free_Wi-Fi＞を選ぶだけです。パスワードは必要ありません。

「Wi2 300」は、有料で街中にあるアクセスポイントを利用できる公衆無線LANサービスです。Webサイト（https://wi2.co.jp/jp/300/）などで、利用可能なアクセスポイントを検索できます。初期費用や入会金がかからず、月々362円（税別）の月額固定プランや、24時間800円（税込）、1週間2,000円（税込）などの短期間プランを利用できる点も魅力です。また、専用のアプリをインストールして、自動でログイン／ログアウトするので、何度も無線LANに接続する手間がかかりません。

LAWSON Wi-Fiサービス

ローソンの店内で＜Wi-Fi＞をオンにし、＜LAWSON_Free_Wi-Fi＞を選びます。

Wi2 300

アプリを利用すれば、アクセスポイントを事前に検索できるので便利です。

「LAWSON Wi-Fiサービス」に接続後、＜Safari＞（ブラウザ）を起動し、Webページを表示させるとメールアドレスの入力が促されます。＜インターネットに接続する＞をタップしてメールアドレスを入力し、利用規約に同意したら、＜登録＞をタップして利用を開始しましょう。

サービスの申し込み後、専用のアプリ（Wi2 Connect4）をインストールします。手順に従って設定すると、自動で無線LANに接続できます。

[Wi-Fi]　　　　6　6 Plus　6s　6s Plus　SE　7　7 Plus　8　8 Plus　X

Q 107　au Wi-Fi SPOTに接続したい

A iPhone 6以降で、LTEフラットに加入していれば、そのまま接続できます。

auのiPhone 6以降で、LTEフラットに加入している場合、Wi-Fiの設定をオンにしていれば、対応エリアに入った際に自動でau Wi-Fi SPOTに接続されます。ただしそれ以外の場合や、一部のスポットに対しては、au Wi-Fi SPOTの設定を行い、プロファイルをインストールしておく必要があります。プロファイルをインストールすれば、対応エリアに入ったときに自動で接続されます。

1　ホーム画面で ◎ → 📖 →＜auサポート＞をタップします。

2　＜iPhone設定ガイド＞をタップします。

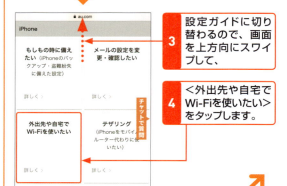

3　設定ガイドに切り替わるので、画面を上方向にスワイプして、

4　＜外出先や自宅でWi-Fiを使いたい＞をタップします。

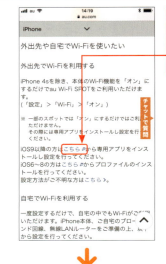

5　「外出先や自宅でWi-Fiを使いたい」の「iOS9以降の〜」の＜こちら＞をタップし、

6　＜開く＞をタップして、＜au Wi-Fi接続ツール＞アプリをダウンロードします。

7　ホーム画面で＜au Wi-Fi接続ツール＞をタップして起動し、＜許可＞→＜同意する＞→ →＜今する＞をタップします。

8　au IDとパスワードを入力して、＜ログイン＞をタップします。

9　「au Wi-Fi SPOT利用登録」画面が表示されるので、＜プロファイルインストール＞→＜許可＞をタップし、画面の指示に従ってプロファイルをインストールします。

[Wi-Fi] 6 6 Plus 6s 6s Plus SE 7 7 Plus 8 8 Plus X

Q 108 ソフトバンクWi-Fiスポットに接続したい

A 一括設定を行います。

ソフトバンクWi-Fiスポットの設定を行い、プロファイルをiPhoneにインストールしておくと、対応エリアに入った際に自動でソフトバンクWi-Fiスポットの無線LANを使用してくれるようになります。なお、ソフトバンクの一括設定では、一緒にEメール（i）も＜メール＞アプリで利用できるよう設定されます。

1 ホーム画面で をタップします（この操作は4G／LTE接続で行う必要があります）。
↓
2 検索フィールドに「sbwifi.jp」と入力し、＜開く＞（または＜Go＞）をタップします。
↓
3 ＜同意して設定開始＞をタップします。
↓
4 認証用SMSが送信されるので、バナーをタップします。
↓
5 「同意して設定」のURLをタップします。
↓
6 ＜許可＞をタップします。
↓
7 ＜インストール＞をタップします（パスコードを設定している場合はパスコードを入力します）。
↓
8 ＜インストール＞→＜インストール＞をタップします。
↓
9 ＜メール＞アプリで使用するメールアカウントの送信者名を入力し、＜次へ＞をタップします。
↓
10 ＜完了＞をタップします。
↓
11 「設定が完了しました」と表示されるので、＜App Storeからダウンロード＞→＜開く＞をタップして、＜ソフトバンクWi-Fiスポット＞アプリをダウンロードします。

[Wi-Fi] 6 6 Plus 6s 6s Plus SE 7 7 Plus 8 8 Plus X

Q 109 docomo Wi-Fiに接続したい

A 2つの認証方法で接続できます。

ドコモのiPhoneでdocomo Wi-Fiに接続する場合、2つの方法があります。
1つはSIM認証による接続方法です。これはiPhoneに搭載されているSIMカードの情報をもとにした仕組みで、＜設定＞アプリからWi-Fiをオンにしたあと、SIM認証用のdocomo Wi-Fiネットワークをタップすると接続されます。
もう1つは、専用のIDとパスワードを入力して接続する方法で、SIM認証が使えなかった場合に利用します。＜Safari＞から＜dメニュー＞にアクセスし、あらかじめ接続用のIDとパスワードを確認しましょう。

● docomo Wi-Fi の ID とパスワードを確認する

1 ホーム画面で → をタップし、＜dメニュー＞をタップします。
↓
2 ＜My docomo（お客様サポート）＞→＜各種設定メニューの一覧＞をタップします。
↓
3 ＜ネットワーク関連＞→＜docomo Wi-Fi設定＞をタップします。
↓
4 ネットワーク暗証番号を入力して、＜暗証番号確認＞をタップします。
↓
5 docomo Wi-FiのIDとパスワード、各docomo Wi-Fiに接続する際のセキュリティキーなどを確認できます。

● docomo Wi-Fi に接続する

1 ホーム画面で＜設定＞→＜Wi-Fi＞をタップします。
↓
2 ＜Wi-Fi＞の をタップし、接続可能なdocomo Wi-Fiのネットワークをタップしたら、上の手順で確認したパスワードを入力し、＜接続＞をタップすれば完了です。

[Wi-Fi]   6 6 Plus 6s 6s Plus SE 7 7 Plus 8 8 Plus X

Q» 110 テザリングを利用したい

A <設定>アプリからインターネット共有をオンにします。

テザリングを利用すると、外出時にスマートフォンをアクセスポイントとして、パソコンなどのさまざまな外部機器をインターネットにつなぐことができます。テザリングには、スマートフォンとパソコンなどの外部機器をWi-Fiで接続する「Wi-Fiテザリング」、Bluetoothで接続する「Bluetoothテザリング」、USBで接続する「USBテザリング」の3種類があります。利用する用途に応じて使い分けが可能な便利な機能です。
テザリングを利用するには、ホーム画面で<設定>をタップし、<インターネット共有>の をタップしてオンにしましょう。「Wi-Fiのパスワード」に表示されているパスワードを、パソコンなどの外部機器で設定すると、テザリングが完了します。

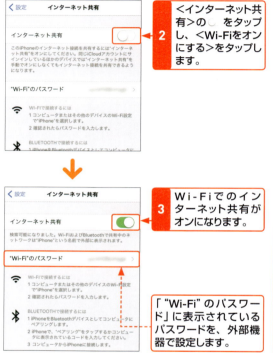

1 ホーム画面で<設定>→<インターネット共有>をタップします。

2 <インターネット共有>の をタップし、<Wi-Fiをオンにする>をタップします。

3 Wi-Fiでのインターネット共有がオンになります。

「"Wi-Fi"のパスワード」に表示されているパスワードを、外部機器で設定します。

[Wi-Fi]   6 6 Plus 6s 6s Plus SE 7 7 Plus 8 8 Plus X

Q» 111 モバイルデータ通信を制限するには

A <設定>アプリから設定します。

モバイルデータ通信を制限することで、通信料を節約することができます。ホーム画面で<設定>→<モバイルデータ通信>をタップし、<モバイルデータ通信>の をタップして にします。なお、アプリごとにモバイルデータ通信を行うかどうかを設定することも可能です。

1 ホーム画面で<設定>→<モバイルデータ通信>をタップし、

2 <モバイルデータ通信>の をタップします。

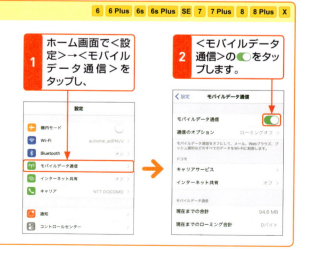

78

[Safari]　6　6 Plus　6s　6s Plus　SE　7　7 Plus　8　8 Plus　X

Q 112 SafariでWebページを見たい

A 検索フィールドにURLを入力しましょう。

iPhoneでWebページを閲覧したいときは、ホーム画面で をタップして＜Safari＞アプリを起動し、画面上部の検索フィールドに閲覧したいWebページのURLを直接入力します。＜開く＞（または＜Go＞）をタップすると、Webページが表示されます。また、URLを入力するとWebページの候補が表示されるので、候補名をタップしてWebページを表示することもできます。Webページが表示されないときは、URLを確認し、もう一度検索フィールドをタップしてURLを入力しましょう。記号などの入力や文字を削除する方法は、第3章で詳しく解説しています。検索フィールドが表示されていないときは、画面のいちばん上まで戻りましょう。

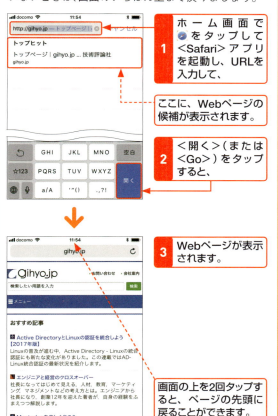

1 ホーム画面で をタップして＜Safari＞アプリを起動し、URLを入力して、

ここに、Webページの候補が表示されます。

2 ＜開く＞（または＜Go＞）をタップすると、

3 Webページが表示されます。

画面の上を2回タップすると、ページの先頭に戻ることができます。

[Safari]　6　6 Plus　6s　6s Plus　SE　7　7 Plus　8　8 Plus　X

Q 113 Webページの表示を拡大・縮小したい

A 画面をピンチオープン／ピンチクローズします。

Webページを閲覧しているときに、画面を拡大したくなったら、画面をピンチオープンしましょう。同じように、画面をピンチクローズすると表示を縮小できるので、見やすい画面の大きさに調節することができます。また、画面をダブルタップすると適度な拡大率で表示されます。

Webページを拡大する

1 画面をピンチオープンすると、

2 Webページが拡大されます。

Webページを縮小する

1 画面をピンチクローズすると、

2 Webページが縮小されます。

[Safari] 6 6 Plus 6s 6s Plus SE 7 7 Plus 8 8 Plus X

Q114 前に見ていたWebページに戻りたい

A < をタップします。

1つ前のWebページに戻りたいときは、< をタップします。戻る前のページに進みたい場合は、> をタップします。Webページ上に＜戻る＞や＜前のページ＞のようなボタンがある場合は、そこをタップしても前のWebページに戻ることができます。

前のページに戻る

1. 画面左下の < をタップすると、
2. 前のページに戻ります。

戻る前のページに進む

1. 画面左下の > をタップすると、
2. 戻る前のページに進みます。

[Safari] 6 6 Plus 6s 6s Plus SE 7 7 Plus 8 8 Plus X

Q115 表示しているWebページを更新したい

A ⟳ をタップしましょう。

表示しているWebページを最新の状態にしたいときは、Webページを更新します。ニュースの速報などは、短時間に何度も新しい情報が追加されていきます。Webページを更新すれば、一度Webページを閉じて開きなおす手間を省くことができます。閲覧中のWebページを再度読み込んで最新の情報にしたいときは、画面上部の検索フィールドにある ⟳ をタップしましょう。Webページが更新されます。途中でWebページを読み込むのを中止したいときは、× をタップしましょう。また、表示したいWebページをうまく読み込めないときにも、Webページを更新してもう一度読み込むと、表示できる場合があります。

1. ⟳ をタップすると、

2. Webページの更新が始まります。更新中は、検索フィールドの下にあるプログレスバーが青くなります。

[Safari] 6 6 Plus 6s 6s Plus SE 7 7 Plus 8 8 Plus X

Q116 Webページの文章だけを読みたい

A 検索フィールドに表示されるリーダーを利用しましょう。

iPhoneの＜Safari＞アプリで、ニュース記事などのWebページを閲覧していると、広告やメニューなどのコンテンツをなくして、文章だけをじっくり読みたくなるときがあります。そんなときは、検索フィールド内の≡をタップして、リーダー機能を利用しましょう。リーダー表示では、ページの文章と関連する画像のみを閲覧できます。iPhoneを傾け、横画面で見ることも可能です。なお、リーダー機能はすべてのWebサイトで利用できるわけではありません。検索フィールドに≡ボタンが表示されているときのみ利用できます。ニュース記事やコラムなど、文章をじっくり読むようなWebページは、リーダー機能を利用できることが多いので、≡ボタンを見つけたらタップしてみましょう。

1 ≡をタップすると、
2 Webページの文章と関連する画像だけが表示されます。
3 もとに戻るときは≡をタップします。

関連 Q.125 Webページ内の文字を検索したい ……… P.85

Q117 リンク先を新規ページで開きたい

A 開きたいリンクをタッチします。

iPhoneの＜Safari＞アプリでは、現在のWebページを残したまま、リンク先のWebページを開くことができます。開きたいリンクをタッチして＜新規タブで開く＞をタップすると、現在のWebページを残したまま、新しいページにリンク先のWebページが表示されます。

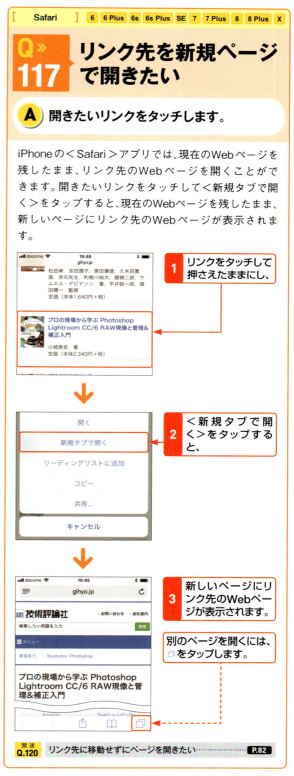

1 リンクをタッチして押さえたままにし、
2 ＜新規タブで開く＞をタップすると、
3 新しいページにリンク先のWebページが表示されます。

別のページを開くには、□をタップします。

関連 Q.120 リンク先に移動せずにページを開きたい ……… P.82

81

4 インターネット&Safariの便利技

[Safari] 6 6 Plus 6s 6s Plus SE 7 7 Plus 8 8 Plus X

Q 118 リンク先の内容をプレビューしたい

A リンクを押します。

3D Touch機能を利用すると、リンク先の内容をプレビューで表示させることができます。Webページを開かなくてもすばやく確認ができる便利な操作なので覚えておくとよいでしょう。ホーム画面で をタップして＜Safari＞アプリを起動し、画面上部の検索フィールドに閲覧したいURLや検索したい語句を入力します。検索結果のリンクを押すと、内容をプレビュー表示できます。

1 プレビューしたいリンクを軽く押します。

2 Webページの内容がプレビューで表示されます。

そのまま深く押し込むとWebページが表示され、指を離すと手順 1 の画面に戻ります。
また、画面を上方向にスワイプすると、メニューが表示されます。

関連 Q.013 3D Touchの基本を身に付けたい P.27

[Safari] 6 6 Plus 6s 6s Plus SE 7 7 Plus 8 8 Plus X

Q 119 以前見たページをもう一度見たい

A 履歴を利用しましょう。

過去にアクセスしたWebページを見たいときは、 をタップして、 をタップすると、閲覧履歴を見ることができます。見たい履歴をタップすると、Webページが開きます。

1 ＜Safari＞アプリを起動し、 → をタップすると、

2 閲覧したページの履歴が表示されます。

タップするとWebページが表示されます。

関連 Q.128 Webページをブックマークに登録したい P.87

[Safari] 6 6 Plus 6s 6s Plus SE 7 7 Plus 8 8 Plus X

Q 120 リンク先に移動せずにページを開きたい

A ＜Safari＞アプリの設定を変更します。

ホーム画面から＜設定＞→＜Safari＞→＜リンクを開く＞をタップして、＜バックグラウンド＞をタップすると、リンク先のWebページを開くときに、リンク先に移動せずにバックグラウンドでページを開くことができます。画面が勝手に切り替わるのを避けたいときなどに、利用しましょう。

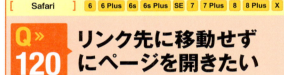

1 ホーム画面で＜設定＞→＜Safari＞→＜リンクを開く＞をタップし、＜バックグラウンド＞をタップすると、設定を変更できます。

関連 Q.117 リンク先を新規ページで開きたい P.81

[Safari] 6 6 Plus 6s 6s Plus SE 7 7 Plus 8 8 Plus X

Q»121 間違ってタブを閉じてしまったときは

A 「最近閉じたタブ」から開きます。

ホーム画面で🧭をタップして＜Safari＞アプリを起動し、画面右下の🗂をタップします。➕をタッチすると、「最近閉じたタブ」が表示され、タブを復元することができます。間違ってタブを閉じてしまったときは、この機能を利用すると便利です。

1 画面右下の🗂をタップし、

2 ➕をタッチすると、

3 「最近閉じたタブ」が表示されます。タブをタップすると、Webページが表示されます。

＜完了＞をタップすると、手順**2**の画面に戻ります。

[Safari] 6 6 Plus 6s 6s Plus SE 7 7 Plus 8 8 Plus X

Q»122 前のWebページに一気に戻りたい

A ＜ をタッチします。

前に表示したWebページに戻りたいときに、何度も何度も＜をタップするのは面倒です。そんなときは＜をタッチして押さえたままにすると、Webページの履歴を表示し、タップで移動できるようになります。一気にWebページを戻りたいときに便利です。なお、複数のWebページを開いている場合は、ページごとに履歴が表示されます。

1 ＜をタッチすると、

2 Webページの履歴が表示されます。

関連 Q.114 前に見ていたWebページに戻りたい …………… P.80

[Safari]　6　6 Plus　6s　6s Plus　SE　7　7 Plus　8　8 Plus　X

Q 123 履歴を残さずにインターネットを利用したい

A プライベートブラウズモードを利用しましょう。

家族などとiPhoneを共同で利用している場合には、インターネットの履歴を相手に見られたくないこともあるでしょう。そうしたときは、「プライベートブラウズモード」の機能が役立ちます。プライベートブラウズモードを利用すると、それ以降閲覧したWebページや、Googleなどに入力したキーワードなどの履歴が、＜Safari＞アプリ上に一切記録されなくなります。プライバシーを守りたい方に、おすすめの機能です。

1 ホーム画面で をタップし、

2 Webページを開いた状態で、□ をタップして、

3 ＜プライベート＞をタップします。

4 ＜完了＞をタップすると、プライベートブラウズモードが起動します。

5 プライベートブラウズモードの起動中は、画面上部の検索フィールドが黒く表示されます。

手順 1～4 の操作を再度行うと、プライベートブラウズモードを終了できます。

4 インターネット&Safariの便利技

84

[Safari] 6 6 Plus 6s 6s Plus SE 7 7 Plus 8 8 Plus X

Q124 Safariで広告をブロックしたい

A コンテンツブロッカーをインストールします。

＜Safari＞アプリでWebページを閲覧中に、広告が表示されるのが邪魔だと感じることがあるでしょう。そんな悩みを解決してくれるのがコンテンツブロッカーです。コンテンツブロッカーをインストールし、設定すると、Webページに表示される広告をブロックしてくれます。表示速度や、バッテリーの節約にもなるので、ぜひ利用してみましょう（Webページによっては広告以外の部分が表示できなくなってしまう場合もあります）。コンテンツブロッカーを有効にするには、コンテンツブロッカーをインストール後、ホーム画面から＜設定＞→＜Safari＞→＜コンテンツブロッカー＞をタップし、該当するアプリの○をタップしてオンにします。

＜App Store＞で「コンテンツブロッカー」を検索すると、さまざまなアプリが表示されます。

コンテンツブロッカーの設定をオンにすると、Webページに広告が表示されなくなります。

Q125 Webページ内の文字を検索したい

A Webページを開き、検索したい文字を検索フィールドに入力します。

＜Safari＞アプリの検索フィールドをタップすると、参照したい項目が見つからないときや、知りたい部分だけを閲覧したいときなどに、Webページ内の文字を検索できます。検索結果は黄色くハイライトで表示されます。検索結果が複数ある場合は、∧∨をタップすると、前後の検索結果に移動できます。

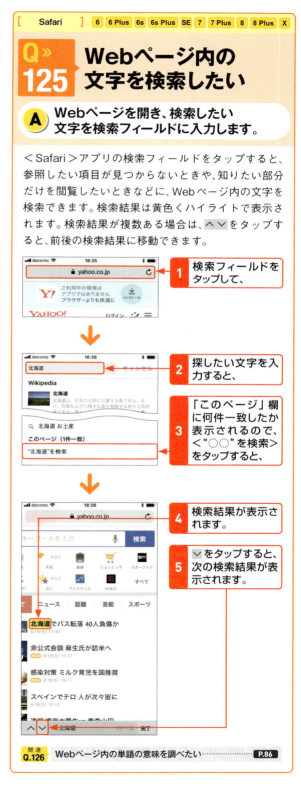

1 検索フィールドをタップして、
2 探したい文字を入力すると、
3 「このページ」欄に何件一致したか表示されるので、＜"○○"を検索＞をタップすると、
4 検索結果が表示されます。
5 ∨をタップすると、次の検索結果が表示されます。

関連 Q.126 Webページ内の単語の意味を調べたい ………… P.86

4 インターネット&Safariの便利技

[Safari] 6 6 Plus 6s 6s Plus SE 7 7 Plus 8 8 Plus X

Q 126 Webページ内の単語の意味を調べたい

A 調べたい単語を選択して<辞書>をタップします。

iPhoneでは、Webページ中の単語をタッチなどで選択して、<調べる>をタップすると、単語の意味を調べることができます。単語の意味を解説する辞書だけでなく、関連するWebサイトや場所、さらにはニュースや動画など、さまざまなカテゴリーで調べることができます。意味を確認して、<完了>をタップすると、すぐにWebページに戻ることができます。

1 <調べる>をタップします。

初回は<続ける>をタップします。

2 単語の意味や関連するさまざまな項目が表示されます。

関連 Q.086 文章をコピー&ペーストしたい …………… P.65

[Safari] 6 6 Plus 6s 6s Plus SE 7 7 Plus 8 8 Plus X

Q 127 検索エンジンを変更したい

A <設定>アプリで変更できます。

検索エンジンは、普段使い慣れているものが使いやすいでしょう。<Safari>アプリの検索フィールドで使用する検索エンジンは、Google・Yahoo・Bing・DuckDuckGoの4種類から選択できます。初期設定はGoogleですが、自由に変更可能です。変更後に検索フィールドをタップすると、指定された検索エンジンで検索されます。

1 ホーム画面で<設定>→<Safari>→<検索エンジン>をタップし、

2 変更したい検索エンジンをタップします。

[ブックマーク] 6　6 Plus　6s　6s Plus　SE　7　7 Plus　8　8 Plus　X

Q 128　Webページをブックマークに登録したい

A ブックマークに登録したいページで □ をタップしましょう。

見る頻度の高いWebページはブックマークに登録すると便利です。ブックマークに登録したいWebページを開いたまま、□ をタップします。＜ブックマークを追加＞をタップして、＜保存＞をタップします。デフォルトでは＜お気に入り＞フォルダに登録されます。変更したい場合は＜お気に入り＞をタップして指定しましょう。

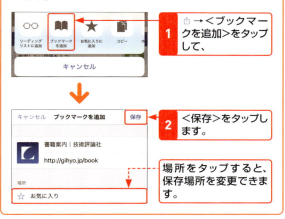

1　□ →＜ブックマークを追加＞をタップして、
2　＜保存＞をタップします。
　　場所をタップすると、保存場所を変更できます。

[ブックマーク] 6　6 Plus　6s　6s Plus　SE　7　7 Plus　8　8 Plus　X

Q 129　ホーム画面にリンクを作成したい

A ＜ホーム画面に追加＞をタップします。

＜Safari＞アプリで表示したWebサイトのリンクを、ホーム画面に追加することができます。ホーム画面のアイコンをタップするだけでWebサイトを表示させることができるので便利です。ホーム画面に追加したいWebサイトを表示し、□ →＜ホーム画面に追加＞をタップすると、ホーム画面にアイコンが追加されます。ホーム画面のアイコンをタップすれば、すばやくWebサイトを表示できます。

[リーディングリスト] 6　6 Plus　6s　6s Plus　SE　7　7 Plus　8　8 Plus　X

Q 130　リーディングリストにWebページを登録したい

A  →＜リーディングリストに追加＞をタップします。

リーディングリストにWebページを登録するには、＜Safari＞アプリを起動して保存したいWebページを表示します。□ →＜リーディングリストに追加＞をタップすれば、ブックマークの＜リーディングリスト＞内にWebページが保存され、オフラインでも閲覧することができます。また、Webページ上のリンクをタッチしたままにして、＜リーディングリストに追加＞をタップすると、リンク先のWebページをリーディングリストに追加できます。頻繁にアクセスするWebページはブックマーク、あとで読みたいニュース記事やコラムなどはリーディングリストに登録するようにして、うまく使い分けましょう。

1　＜Safari＞アプリを起動し、保存したいWebページを表示して、
2　 をタップし、

3　＜リーディングリストに追加＞をタップすると、
4　Webページがリーディングリストに追加されます。

4 インターネット&Safariの便利技

[リーディングリスト]　6　6 Plus　6s　6s Plus　SE　7　7 Plus　8　8 Plus　X

Q » 131　リーディングリストの中のWebページを見たい

A 📖 → ○○ をタップします。

リーディングリストに登録したWebページの一覧を見たいときは、＜Safari＞アプリを起動して、📖→○○をタップすると、保存したすべてのリーディングリストが表示されます。＜未読のみ表示＞をタップすると、まだ見ていないWebページだけを表示できます。

1　＜Safari＞アプリを起動して、📖をタップし、

2　○○ をタップします。

3　リーディングリスト一覧が表示されます。

4　＜未読のみ表示＞をタップすると、

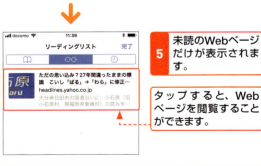

5　未読のWebページだけが表示されます。

タップすると、Webページを閲覧することができます。

関連 Q.130　リーディングリストにWebページを登録したい　…………… P.87

[便利技]　6　6 Plus　6s　6s Plus　SE　7　7 Plus　8　8 Plus　X

Q » 132　閲覧履歴と検索履歴を消去したい

A ＜設定＞アプリから履歴を消去しましょう。

＜Safari＞アプリの閲覧履歴だけでなく、検索履歴も消去したいときは、＜設定＞アプリから履歴を消去します。ホーム画面から＜設定＞→＜Safari＞→＜履歴とWebサイトデータを消去＞をタップします。そのあと＜履歴とデータを消去＞をタップすると、iPhoneに残っている検索履歴やCookieなどを削除することができます。

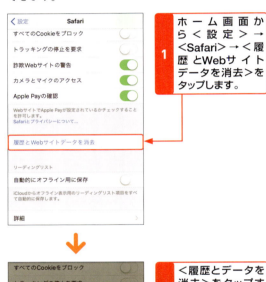

1　ホーム画面から＜設定＞→＜Safari＞→＜履歴とWebサイトデータを消去＞をタップします。

2　＜履歴とデータを消去＞をタップすると、履歴を消去できます。

関連 Q.123　履歴を残さずにインターネットを利用したい　…………… P.84

第**5**章

メール&メッセージの便利技

133 >>> 164 　メール

165 >>> 179 　メッセージ

[メール]

Q.133 iPhoneで使えるメールはどんなものがあるの？

A SMS、MMS、キャリアメール、iMessage、PCメールなどが利用できます。

iPhoneでは、テキストでの連絡用に、＜メール＞、＜メッセージ＞という2つのアプリが用意されています。前者ではキャリアメールやWebメール、PCメールを利用することができ（Q.136～140参照）、後者ではApple IDや電話番号などを登録して、iMessage、MMS、SMSといった機能を利用できます（Q.165参照）。＜メッセージ＞アプリで利用できる機能は、キャリアによって異なります。

auやソフトバンクでは、iMessage、MMS、SMSのいずれも利用できます。しかしドコモでは、iMessageとSMSは使えますが、MMSを利用できません。そのためドコモのiPhoneで別キャリアの相手に画像や長いテキストを送信したいときは、＜メッセージ＞アプリよりも＜メール＞アプリを利用したほうが、スムーズに連絡を取り合うことができます。保存容量などの違いについては、下の表を参照してください。

各キャリアのメールとメッセージの違い

		au	ソフトバンク	ドコモ
SMS		○	○	○
MMS	対応	○ (ezweb.ne.jp)※	○ (softbank.ne.jp)	×
	送受信可能サイズ	3MB	2MB	×
	保存容量	200MB（保存期間無期限、2,000件）	12MB（保存期間30日、500件）	×
キャリアメール	対応	○ (ezweb.ne.jp)※	○ (i.softbank.jp)	○ (docomo.ne.jp)
	送受信可能サイズ	3MB	3MB	最大10MB
	保存容量	200MB（無期限、5,000件）	200MB（無期限、5,000件）	1GB（無期限、20,000件）
iMessage		○	○	○

※auの場合は、ezweb.ne.jpのメールを＜メール＞アプリか＜メッセージ＞アプリのどちらで使うかを選択します。

auとソフトバンクでは、＜メッセージ＞アプリでSMSとMMS、iMessageの、3種類の送信方法が利用できます。

ドコモでは画面上に「SMS／MMS」と表示されても、実際にはMMSを利用することができません。ホーム画面から＜設定＞→＜メッセージ＞をタップしても、MMSのメニューが表示されません。

[メール]　6　6 Plus　6s　6s Plus　SE　7　7 Plus　8　8 Plus　X

Q» 134　SMS、MMS、iMessageはどうやって切り替えるの？

A iPhoneが自動で切り替えてくれます。

SMS／MMS／iMessageは、＜メッセージ＞アプリで利用することができます。基本的には、iPhoneが適切な形式を選んでメッセージをやり取りするので、ユーザーが意識して切り替える必要はありません。＜設定＞アプリでiMessageをオフにすることも可能です。SMSでは宛先が電話番号になり、ほかのキャリアの携帯電話などともメッセージをやり取りできます。一方のiMessageは、iPhone、iPad、iPod touchなどのApple製品を使っているユーザーとメッセージをやり取りするために利用します。

iMessage形式ではなくSMSでメッセージを送りたい場合

1　ホーム画面で＜設定＞→＜メッセージ＞をタップして、

2　＜iMessage＞のをタップして にすると、iMessage形式を無効にできます。

[メール]　6　6 Plus　6s　6s Plus　SE　7　7 Plus　8　8 Plus　X

Q» 135　SMS、MMS、iMessageってお金がかかるの？

A 送受信の形式やキャリアなどによって異なります。

SMSの通信料は、送信は有料ですが、受信は無料です。MMSの通信料は受信／送信ともにパケット通信料が発生します。料金はキャリアやプランに依存するため、事前に確認しておきましょう。なお、パケット通信料が発生しても、定額制の料金プランに入っていれば、追加料金の負担はありません。一方、iMessageはメッセージの送受信に料金は必要ありません。ただし3Gや4G（LTE）回線使用時は、メッセージの送受信に伴うパケット通信料が発生します。無線LAN（Wi-Fi）使用時は、パケット通信料はかかりません。

メッセージの送受信と料金

	SMS	MMS	iMessage（3G／4G・LTE回線使用時）
受信	無料	パケット通信料（キャリアごとに異なる）	パケット通信料（キャリアごとに異なる）
送信	送信料（キャリアやプランにより異なる）	パケット通信料（キャリアごとに異なる）	パケット通信料（キャリアごとに異なる）

iMessageは無線LANでの送受信ならば無料ですが、＜メッセージ＞アプリが自動的にSMSやMMSに形式を変更してメッセージを送信した結果、費用が発生することがあります。

[メール]　　　　　　　　　　　　6　6 Plus　6s　6s Plus　SE　7　7 Plus　8　8 Plus　X

Q» 136 Eメールのアドレスを変更したい（au）

 auメールの利用には初期設定が必要です。

au版iPhoneでメールを利用するためには、まず＜Safari＞アプリから「auサポート」にアクセスしたあと、初期設定を行います。そのあとアドレスの変更を経て、ようやくメールが利用できるようになります。ここではメッセージの初期設定からメールアドレスを変更するまでの手順を解説します。Wi-Fiをオフにして実行してください。

メールの初期設定を行う

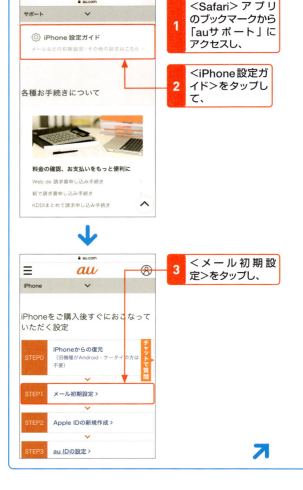

1 ＜Safari＞アプリのブックマークから「auサポート」にアクセスし、

2 ＜iPhone設定ガイド＞をタップして、

3 ＜メール初期設定＞をタップし、

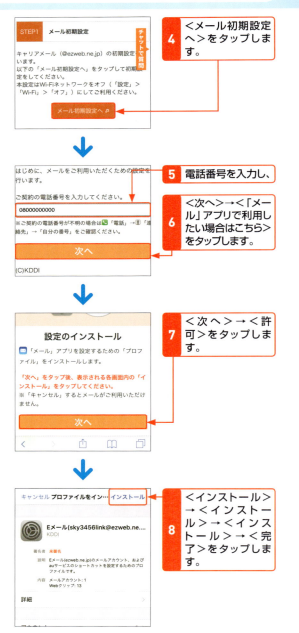

4 ＜メール初期設定へ＞をタップします。

5 電話番号を入力し、

6 ＜次へ＞→＜「メール」アプリで利用したい場合はこちら＞をタップします。

7 ＜次へ＞→＜許可＞をタップします。

8 ＜インストール＞→＜インストール＞→＜インストール＞→＜完了＞をタップします。

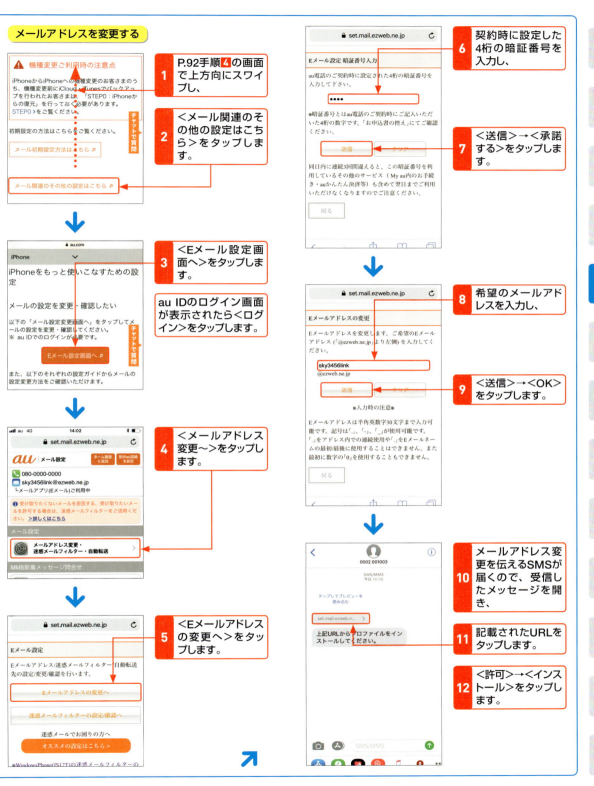

[メール]　　　　　　　　　　　　　6　6 Plus　6s　6s Plus　SE　7　7 Plus　8　8 Plus　X

Q137 Eメール（i）のアドレスを変更したい（ソフトバンク）

A 「My SoftBank」にアクセスして、Eメール（i）のアドレスを変更します。

Eメール（i）とは、ソフトバンクモバイルと契約するiPhoneおよびiPadに付与されるメールアドレスのことを指します。利用するには、まず＜Safari＞アプリから「ソフトバンク」にアクセスしたあと、初期設定を行います。そのあと＜Safari＞アプリから「My SoftBank」にアクセスして、アドレスの変更を行います。この際、必ずWi-Fiはオフにしておきましょう。

メールの初期設定をする

1　＜Safari＞アプリのブックマークから「ソフトバンク」にアクセスし、

2　＜メニュー＞→＜サポート＞→＜iPhoneのメールWi-Fi一括設定＞をタップします。

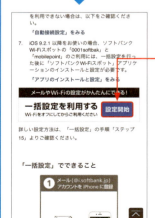

3　＜設定開始＞→＜同意して設定開始＞をタップします。

手順3の画面が表示されない場合は、「http://sbwifi.jp/」にアクセスすると、表示されます。

4　メッセージが届くので、「同意して設定」のURLをタップします。

5　＜インストール＞→＜インストール＞→＜インストール＞をタップします。

パスコードの確認画面が出たらパスコードを入力します。

6　メールアカウントの名前を入力して、＜次へ＞をタップし、

7　＜完了＞をタップします。

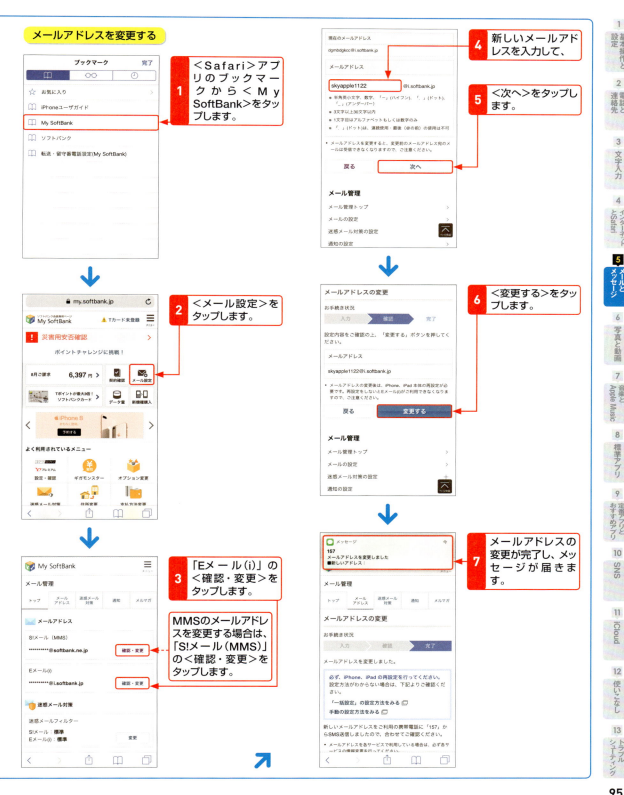

[メール]　　　　　　6　6 Plus　6s　6s Plus　SE　7　7 Plus　8　8 Plus　X

ドコモメールのアドレスを変更したい（ドコモ）

A ドコモメールの利用には初期設定が必要です。

ドコモ版iPhoneでメールを利用するためには、まず＜Safari＞アプリから、「My docomo（お客様サポート）」にアクセスしたあと、初期設定を行います。そのあとアドレスの変更を経て、ようやくメールが利用できるようになります。この操作を行う際は、Wi-Fiをオフにする必要があるので注意してください。

メールの初期設定をする

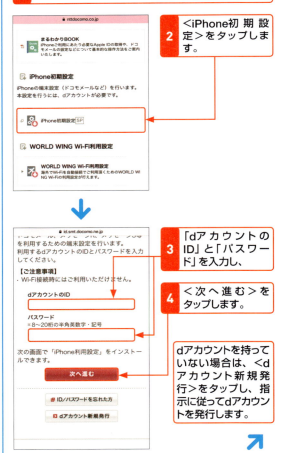

1　＜Safari＞アプリのブックマークから「My docomo（お客様サポート）」にアクセスし、

2　＜iPhone初期設定＞をタップします。

3　「dアカウントのID」と「パスワード」を入力し、

4　＜次へ進む＞をタップします。

dアカウントを持っていない場合は、＜dアカウント新規発行＞をタップし、指示に従ってdアカウントを発行します。

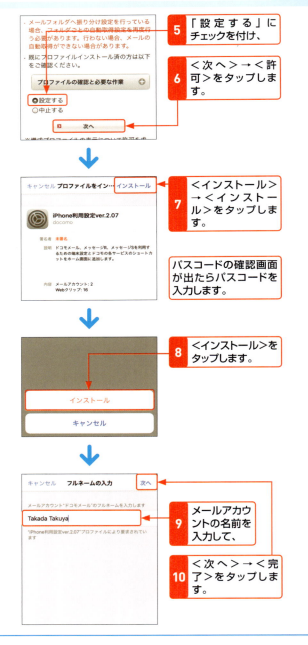

5　「設定する」にチェックを付け、

6　＜次へ＞→＜許可＞をタップします。

7　＜インストール＞→＜インストール＞をタップします。

パスコードの確認画面が出たらパスコードを入力します。

8　＜インストール＞をタップします。

9　メールアカウントの名前を入力して、

10　＜次へ＞→＜完了＞をタップします。

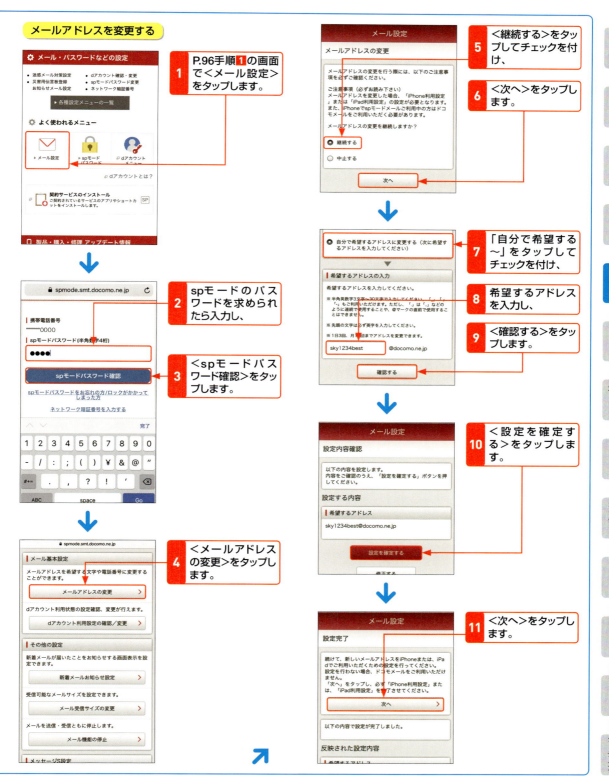

[メール]

6 | 6 Plus | 6s | 6s Plus | SE | 7 | 7 Plus | 8 | 8 Plus | X

Q.139 Webメールのアカウントを設定したい

 設定画面から追加できます。

iPhoneでは、WebメールやPCメールのアカウントを追加して使用することができます。ホーム画面で、＜設定＞→＜アカウントとパスワード＞→＜アカウントを追加＞をタップします。Yahoo!メールやGmailなど、Webメールを設定する場合は、一覧から該当するメールサービスをタップして選択します。一覧にないWebメールやPCメールを設定したい場合は、Q.140を参照してください。ここでは、Yahoo!メールの設定方法を例に挙げて解説します。

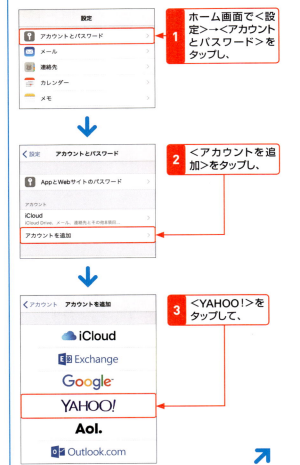

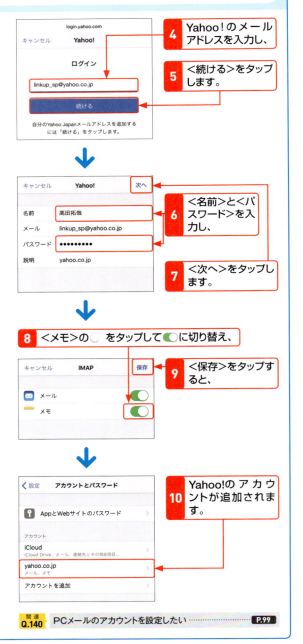

関連 Q.140 PCメールのアカウントを設定したい P.99

[メール]

Q 140 PCメールのアカウントを設定したい

 設定画面から追加できます。

iPhoneの＜メール＞アプリでは、代表的なメールサービスなら、メールアドレスとパスワードの入力だけでかんたんに利用できます。それ以外の、たとえばプロバイダメールなどのアカウントをiPhoneに設定する場合は、ホーム画面で＜設定＞→＜アカウントとパスワード＞→＜アカウントを追加＞をタップしたあとに、＜その他＞を選択します。＜その他＞のメールアカウントの設定では、メールサーバの入力も必要となります（POPとIMAPに対応）。メールサーバの設定はプロバイダごとに異なるため、事前に確認が必要です。

1 P.98の手順3の画面で＜その他＞をタップし、

2 ＜メールアカウントを追加＞をタップして、

3 設定したいアカウントの＜名前＞＜メール＞＜パスワード＞を入力し、

4 ＜次へ＞をタップします。

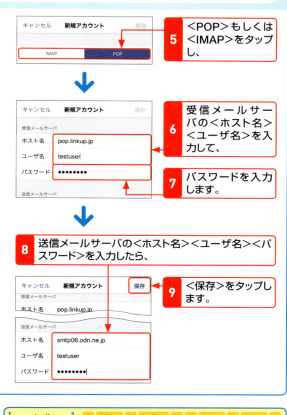

5 ＜POP＞もしくは＜IMAP＞をタップし、

6 受信メールサーバの＜ホスト名＞＜ユーザ名＞を入力して、

7 パスワードを入力します。

8 送信メールサーバの＜ホスト名＞＜ユーザ名＞＜パスワード＞を入力したら、

9 ＜保存＞をタップします。

[メール]

Q 141 会社のメールをiPhoneで読みたい

 アカウントの追加画面で＜その他＞を選択して設定します。

会社のメールアドレスの場合も、Q.140を参考にアカウントを追加すれば、アカウントを登録できます。ただし、会社独自のサーバを利用したメールの場合は、セキュリティ上ブロックされたり、アカウントを追加できなかったりするケースがあるため注意してください。

[メール]

Q.142 いつも使うメールアカウントを変更したい

A デフォルトアカウントを設定します。

＜メール＞アプリでメッセージを送信する際に自動的に使用されるメールアカウントは、自由に設定することができます。複数のメールアカウントを使用している場合は、あらかじめ設定しておくとよいでしょう。ホーム画面で＜設定＞→＜メール＞→＜デフォルトアカウント＞をタップし、任意のメールアカウントをタップすると設定できます。

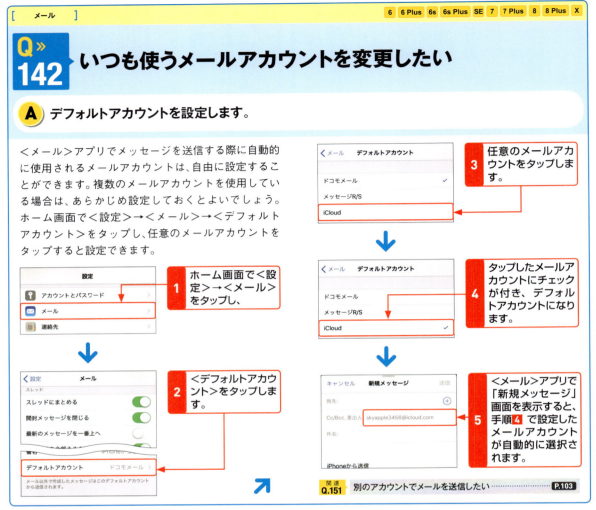

[メール]

Q.143 迷惑メールを制限したい

A 迷惑メールを学習させましょう。

iPhoneの＜メール＞アプリには、パソコン版のGmailのような、迷惑メールのフィルタリング機能が備わっていません。そのかわり、受信したメールを「迷惑メール」メールボックスに移動させることで、次回からは＜メール＞アプリが、そのアドレスを迷惑メールとして認識するようになります。

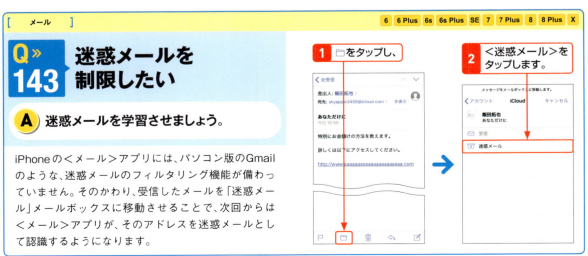

[メール]　　　　　　　　　　　　　　　　　　　6　6 Plus　6s　6s Plus　SE　7　7 Plus　8　8 Plus　X

メールを送りたい

 ＜メール＞アプリからメールを作成できます。

iPhoneの＜メール＞アプリでは、登録したアカウントを使って相手へメールを送ることができます。ホーム画面で＜メール＞をタップしたあと、画面右下の をタップします。新規メール作成画面が表示されるので、宛先と件名、本文を入力し、＜送信＞をタップすると、メールが送信されます。

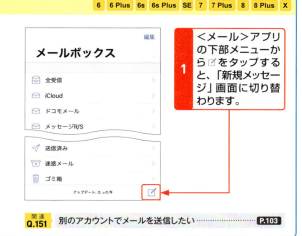

1　＜メール＞アプリの下部メニューから をタップすると、「新規メッセージ」画面に切り替わります。

関連 Q.151　別のアカウントでメールを送信したい　　　　　　　　P.103

[メール]　　　　　　　　　　　　　　　　　　　6　6 Plus　6s　6s Plus　SE　7　7 Plus　8　8 Plus　X

Q 145　ホーム画面から すばやくメールを作成したい

A　3D Touch機能を使いましょう。

メールの作成は、＜メール＞アプリを開かなくても、3D Touch機能を使えばかんたんに行えます。ホーム画面で、＜メール＞アプリのアイコンを強く押し込みます。表示されたメニューから、＜新規メッセージ＞をタップすると、メールの作成ができます。なお、このメニューから、受信したメールの確認もできます。

1　ホーム画面で＜メール＞アプリのアイコンを強く押し込みます。

2　＜新規メッセージ＞をタップします。

関連 Q.144　メールを送りたい　　　　　　　　　　　　　　　　　P.101

[メール]　　　　　　　　　　　　　　　　　　　6　6 Plus　6s　6s Plus　SE　7　7 Plus　8　8 Plus　X

Q 146　メールに写真を 添付したい

 カメラロールから 画像を選択して添付します。

＜写真＞アプリで任意の画像を表示し、画面下部の →＜メール＞をタップします。画像を複数添付したい場合は、＜写真＞アプリのサムネイル一覧画面で＜選択＞をタップし、画像を選択します。 →＜メール＞をタップすると、選択した画像がすべてメールに添付されます。

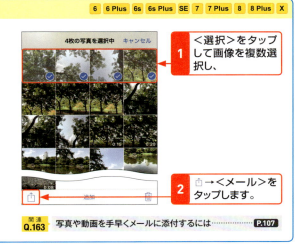

1　＜選択＞をタップして画像を複数選択し、

2　 →＜メール＞をタップします。

関連 Q.163　写真や動画を手早くメールに添付するには　　　　　　P.107

5 メール&メッセージの便利技

[メール] 6 6 Plus 6s 6s Plus SE 7 7 Plus 8 8 Plus X

Q 147 メールでCcやBccを使いたい

A ＜Cc／Bcc,差出人＞をタップします。

iPhoneでは＜メール＞アプリの新規メッセージ作成時、Cc／Bccを設定して送信できます。＜Cc／Bcc,差出人＞をタップしてCc／Bccを設定します。＜宛先＞と同様、各項目をタップして手入力するか、⊕をタップして、連絡先から送信先を選択します。なお、＜メッセージ＞アプリにはCc／Bcc設定はありません。

宛先／Cc／Bccの違い

宛先(To)	送信先が1人、もしくは複数の相手に対してメールを送りたい場合に使用。送信先全員のアドレスが公開される。
Cc	メインの宛先ではないが、メール内容を共有しておきたい場合に使用。Cc設定された人のアドレスは、そのほかの送信先全員に公開される。
Bcc	内容は共有したいが、送信先それぞれのアドレスを公開したくない場合に使用。一斉送信など、個人情報の保護の目的で活用されることもある。

Cc／Bccを設定する

1 メール作成時に＜Cc／Bcc,差出人：(アカウント名)＞をタップすると、

2 Cc／Bcc入力フィールドが表示されます。

[メール] 6 6 Plus 6s 6s Plus SE 7 7 Plus 8 8 Plus X

Q 148 メールで署名を使いたい

A メール設定から任意の署名を追加できます。

ホーム画面で＜設定＞→＜メール＞→＜署名＞をタップし、署名を入力すれば、メール入力時に自動的に署名が追加されるようになります。メールを送る際に、本文中に名前や連絡先などを表記しておくと、そのメールが誰から送信されたものかわかるので、便利です。

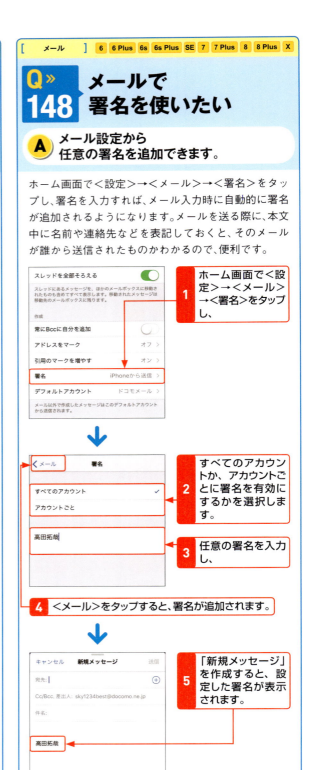

1 ホーム画面で＜設定＞→＜メール＞→＜署名＞をタップし、

2 すべてのアカウントか、アカウントごとに署名を有効にするかを選択します。

3 任意の署名を入力し、

4 ＜メール＞をタップすると、署名が追加されます。

5 「新規メッセージ」を作成すると、設定した署名が表示されます。

[メール] 6 6 Plus 6s 6s Plus SE 7 7 Plus 8 8 Plus X

Q» 149 作成途中のメールを保存したい

A ＜キャンセル＞→＜下書きを保存＞をタップすると、作成途中のメールを保存できます。

編集中のメールを下書き保存することで、途中まで入力した内容を保持したまま、あとで再び続きの編集を行うことができます。メールを作成している最中に、＜キャンセル＞→＜下書きを保存＞をタップすると、作成中のメールが「下書き」というメールボックスに保存されます。

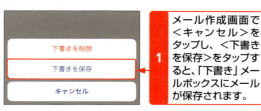

メール作成画面で＜キャンセル＞をタップし、＜下書きを保存＞をタップすると、「下書き」メールボックスにメールが保存されます。

[メール] 6 6 Plus 6s 6s Plus SE 7 7 Plus 8 8 Plus X

Q» 150 特別なメールボックスを表示するには

A メールボックスの＜編集＞をタップし、追加したいメールボックスを選択します。

メールボックスは自分でカスタマイズすることができます。「メールボックス」画面で＜編集＞をタップし、メールボックスに追加したい項目をタップしてチェックを付け、＜完了＞をタップします。「未開封」や「添付ファイル」といった項目で分けることができます。

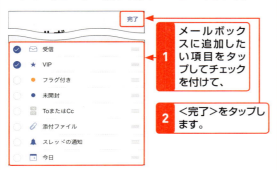

1 メールボックスに追加したい項目をタップしてチェックを付けて、

2 ＜完了＞をタップします。

[メール] 6 6 Plus 6s 6s Plus SE 7 7 Plus 8 8 Plus X

Q» 151 別のアカウントでメールを送信したい

A 差出人をタップすると、アカウントを切り替えることができます。

iPhoneの＜メール＞アプリでは、差出人は常にデフォルトアカウントから送信するように設定されています。デフォルトアカウント以外のアカウントでメールを送りたい場合は、＜Cc／Bcc, 差出人：（アカウント名）＞→＜差出人＞をタップします。登録してあるメールアカウントが表示されるので、送信元として使用したいアカウントをタップして選択すれば、アカウントを切り替えることができます。

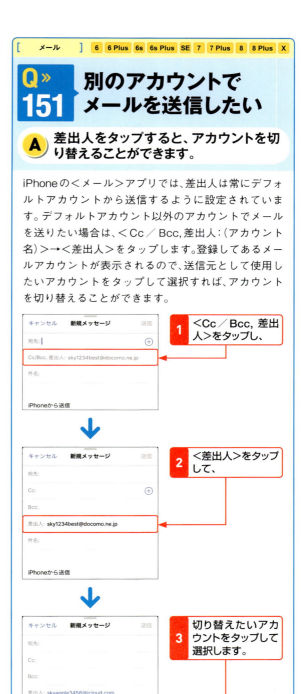

1 ＜Cc／Bcc, 差出人＞をタップし、

2 ＜差出人＞をタップして、

3 切り替えたいアカウントをタップして選択します。

関連 Q.142 いつも使うメールアカウントを変更したい ……… P.100

5 メール&メッセージの便利技

[メール] 6 6 Plus 6s 6s Plus SE 7 7 Plus 8 8 Plus X

Q» 152 メールを削除したい

A 受信一覧から削除するか、メールの詳細を開いて削除します。

メールボックスの受信一覧から削除したいメールを左にスワイプして、🗑をタップすると、メールを削除できます。また、メールの詳細を開き、画面下部の🗑をタップしても、メールを削除できます。なお、Gmailなど、削除したメールの移動先がアーカイブに設定されているアカウントの場合は、🗑の代わりに📁が表示されます。

削除したいメールを左にスワイプして、🗑をタップすると、メールを削除できます。

メールの詳細画面を表示し、🗑をタップしても、メールを削除できます。

関連 Q.153 削除したメールをもとに戻せる？ ……………… P.104

[メール] 6 6 Plus 6s 6s Plus SE 7 7 Plus 8 8 Plus X

Q» 153 削除したメールをもとに戻せる？

A 「ゴミ箱」内のメールはもとに戻すことが可能です。

Q.152の方法で削除したメールは、まだ完全に削除されておらず、いったん「ゴミ箱」というメールボックスに格納されます。「メールボックス」で任意のメールアカウント→<ゴミ箱>をタップしてからもとに戻したいメールをタップして選択し、任意のメールボックスに移動させれば、メールをもとに戻すことができます。

1. 「ゴミ箱」で任意のメールをタップし、

2. 📁をタップし、任意のメールボックスをタップして選択します。

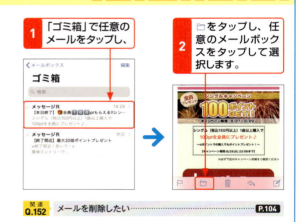

関連 Q.152 メールを削除したい ……………… P.104

[メール] 6 6 Plus 6s 6s Plus SE 7 7 Plus 8 8 Plus X

Q» 154 複数のメールをまとめて既読にしたい

A メール受信一覧の<編集>でまとめて既読にできます。

とくに重要ではないメールは、目を通さずともまとめて既読にすることができます。メール受信一覧から画面右上の<編集>をタップし、既読にしたい未開封メールをすべてタップしたあと、<マーク>→<開封済みにする>をタップすると、メールの左に表示されていた●が消え、既読扱いとなります。

1. <編集>をタップし、

2. 既読にしたいメールをタップして選択し、

3. <マーク>→<開封済みにする>をタップします。

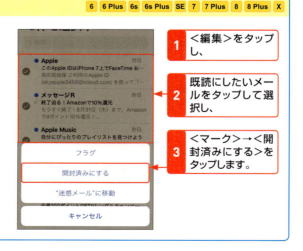

[メール]

Q» 155 メールの添付ファイル を開きたい

A メール内に表示されたファイルの アイコンをタップします。

メールに添付された画像ファイルやテキストファイル は、受信時にメール内にアイコンで表示されます。アイ コンをタップすると、ファイルが開き、内容を確認する ことができます。容量の小さな画像ファイルの場合は、 メール受信時に一緒にダウンロードされていることも あります。

1 メールを開くと自動的にダウンロードします。されない場合はタップします。

2 ダウンロードが完了すると、メール内に添付ファイルが表示されます。

[メール]

Q» 156 添付ファイルを開く アプリを指定したい

A メール内でファイルを開いて アプリを指定します。

メールの添付ファイルを別のアプリで開きたい場合は、 アイコン化された添付ファイルをタッチします。すると、 画面に添付ファイルを開くことができるアプリの一覧 が表示されるので、開きたいアプリのアイコンをタップ して選択します。選択したアプリによってはその後＜保 存＞をタップして、そのアプリにファイルを保存します。

1 ファイルのアイコンをタッチすると、

2 添付ファイルを開けるアプリの一覧が表示されます。

関連 Q.155 メールの添付ファイルを開きたい……………… P.105

[メール]

Q» 157 添付された画像ファイ ルを保存したい

A 表示された画像ファイルを タッチします。

受信メールに添付されていた画像は、iPhoneに保存す ることが可能です。ホーム画面から＜メール＞アプリ を起動したあと、画像が添付されたメールを開きます。 メール中の画像をタッチすると、メニューが表示され るので、＜画像を保存＞をタップし、iPhoneへの保存 を完了させましょう。

1 メール内の画像をタッチして、

2 ＜画像を保存＞をタップします。

関連 Q.155 メールの添付ファイルを開きたい……………… P.105

[メール]

Q» 158 メールに返信したい

A →＜返信＞を使います。

受信したメールに返信する場合は、返信したいメールを開き、→＜返信＞をタップすると、返信メッセージの入力画面に切り替わります。件名の前に「Re:」が表示され、メール内には前回のメールの日付とユーザー名、アドレス、前回のメールの内容が引用されます。＜全員に返信＞を使うと、宛先全員に返信できます。

1 返信したいメールで→＜返信＞をタップして、

2 返信内容を入力し、

3 ＜送信＞をタップします。

[メール]

Q» 159 メールの一部を引用して返信するには

A 引用したい箇所を選択した状態でメールに返信します。

受信したメールで大事な箇所など、一部だけ引用して返信したい場合は、引用したい箇所を選択した状態で、→＜返信＞をタップします。そうすると、選択した部分のみ引用されたメール作成画面が表示されるので、文を入力して送信します。

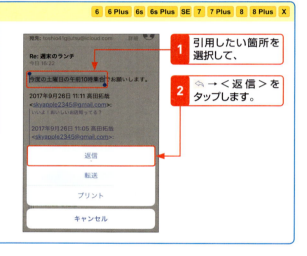

1 引用したい箇所を選択して、

2 →＜返信＞をタップします。

[メール]

Q» 160 メールを転送したい

A →＜転送＞を使って転送します。

メールの内容を別のユーザーと共有したい場合は、転送機能を使って、受信したメールをそのまま別のユーザーに送信しましょう。転送したいメールを開き、→＜転送＞をタップすると、メール転送の入力画面に切り替わります。メール転送はタイトルに「Fwd:」が追加され、転送したいメール内容が引用されて表示されます。

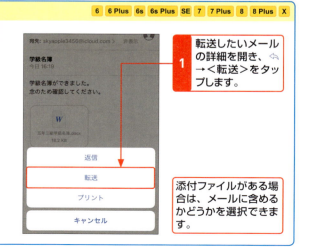

1 転送したいメールの詳細を開き、→＜転送＞をタップします。

添付ファイルがある場合は、メールに含めるかどうかを選択できます。

[メール]　　6 6 Plus 6s 6s Plus SE 7 7 Plus 8 8 Plus X

Q» 161 メール内のリンクを すばやく確認したい

A メール内のリンクを軽く押します。

メール内のリンクをタップすると、＜Safari＞アプリでWebページを開くことができますが、＜Safari＞アプリを起動せずにすばやく内容を確認したいこともあるでしょう。そのような場合は、メール内のリンクを軽く押します。その場でリンク先のWebページのプレビューが確認できます。

1 メール内のリンクを軽く押すと、Webページのプレビューが確認できます。

そのまま押し込むと、＜Safari＞アプリが起動し、Webページが開きます。

関連 Q.013　3D Touchの基本を身に付けたい　P.27

[メール]　　6 6 Plus 6s 6s Plus SE 7 7 Plus 8 8 Plus X

Q» 162 受信メールから 連絡先に登録したい

A メール内のリンクから登録できます。

受信メールから連絡先に登録したい場合、受信したメール内のアドレスをタッチし、＜連絡先に追加＞をタップすると、メール内のリンクから連絡先を登録することができます。新規アドレスとして登録したい場合は＜新規連絡先を作成＞を、既存の連絡先に追加したい場合は＜既存の連絡先に追加＞をタップします。

1 メール内のアドレスをタッチし、

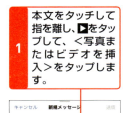

2 ＜連絡先に追加＞をタップします。

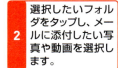

関連 Q.057　着信履歴から連絡先に登録したい　P.50

[メール]　　6 6 Plus 6s 6s Plus SE 7 7 Plus 8 8 Plus X

Q» 163 写真や動画を手早く メールに添付するには

A ＜メール＞アプリから 写真や動画を添付できます。

iPhoneでは＜メール＞アプリから直接、写真や動画が添付できます。ホーム画面から＜メール＞をタップし、▲をタップして、「新規メッセージ」画面を開きます。本文をタッチして指を離し、▶をタップして、＜写真またはビデオを挿入＞をタップすると、添付したい写真や動画を選択できます。

1 本文をタッチして指を離し、▶をタップして、＜写真またはビデオを挿入＞をタップします。

2 選択したいフォルダをタップし、メールに添付したい写真や動画を選択します。

107

5 メール&メッセージの便利技

[メール]

Q» 164 自動的に画像を読み込まないようにしたい

A <設定>アプリで、<画像を読み込む>をオフにします。

iPhoneでは、初期状態だとメールに添付された画像を自動的に読み込むように設定されています。変更するには、ホーム画面から<設定>→<メール>をタップし、<サーバ上の画像を読み込む>をオフに切り替えます。メールの表示をなるべく早めたい場合などに、利用するとよいでしょう。

1. ホーム画面で<設定>→<メール>をタップして、
2. <サーバ上の画像を読み込む>の ● をタップして ○ に切り替えます。

[メッセージ]

Q» 165 iMessageを利用したい

A iMessageの利用にはiCloudの設定が必要です。

iMessageを利用するには、<設定>→<メッセージ>をタップして、<iMessage>をオンにします。また、iMessageを利用できない場合でもSMSでメッセージを送信できるようにするために、<SMSで送信>をオンにしておきます。なお、iMessageを利用するには、iCloudを設定する必要があります（第11章参照）。

1. ホーム画面で<設定>→<メッセージ>をタップし、
2. <iMessage>が ● になっていることを確認し、
3. <SMSで送信>の ○ をタップして ● にします。

[メッセージ]

Q» 166 メッセージの発信元を電話番号からアドレスに変えたい

A 発信元の情報を変更します。

<メッセージ>アプリでは、送信した相手に自分の電話番号やメールアドレスが表示されます。電話番号ではなくメールアドレスを表示させたい場合は、ホーム画面で<設定>→<メッセージ>→<送受信>をタップして、「新規チャットの発信元」の任意のメールアカウントをタップします。

1. 「新規チャットの発信元」で、任意のメールアカウントをタップして選択すれば、発信元の情報を変更できます。

[メッセージ]　　6　6 Plus　6s　6s Plus　SE　7　7 Plus　8　8 Plus　X

Q» 167　新しいメッセージを送りたい

A　＜メッセージ＞アプリを起動してメッセージを作成します。

メッセージを送りたい場合は、ホーム画面から💬をタップして＜メッセージ＞アプリを起動し、✎をタップします。「新規メッセージ」画面に切り替わるので、⊕をタップして、連絡先一覧から宛先を選択します。入力フィールドにメッセージを入力して、↑をタップすると、メッセージが送信されます。

1 ホーム画面で💬をタップして＜メッセージ＞アプリを起動し、画面上部の✎をタップします。

2 「新規メッセージ」画面に切り替わるので、

3 ⊕をタップしてメッセージの送信先を選択し、

4 メッセージを入力して、

5 ↑をタップします。

A　連絡先一覧から新規メッセージを作成します。

＜メッセージ＞アプリも、＜メール＞アプリと同様、＜連絡先＞アプリから宛先を選択して新規メッセージを作成することができます。＜連絡先＞アプリを起動し、メッセージを送信したい連絡先をタップして選択し、＜メッセージを送信＞をタップします。メッセージを送るアドレスを選択すると、「新規メッセージ」画面が表示されます。

1 ＜連絡先＞をタップして起動し、メッセージを送信したいユーザーをタップして選択して、

2 ＜メッセージを送信＞をタップし、

3 メッセージを送るアドレスを選択すると、「新規メッセージ」画面が表示されます。

109

5 メール&メッセージの便利技

[メッセージ]

6 6 Plus 6s 6s Plus SE 7 7 Plus 8 8 Plus X

Q» 168 相手がメッセージを見たかどうか知りたい

A 開封証明を設定しましょう。

iMessageは、受け取り（開封）通知機能を設定できます。相手がメッセージを開封したかどうか知りたい場合、送信先の相手にあらかじめ通知機能を設定してもらう必要があります。こちらが受信したメッセージを開封したか相手に通知する場合は、＜設定＞→＜メッセージ＞をタップし、＜開封証明を送信＞の○をタップします。

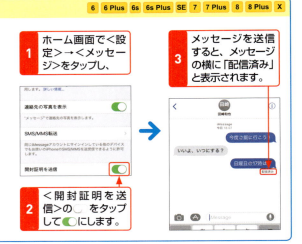

1. ホーム画面で＜設定＞→＜メッセージ＞をタップし、
2. ＜開封証明を送信＞の○をタップして○にします。
3. メッセージを送信すると、メッセージの横に「配信済み」と表示されます。

[メッセージ]

6 6 Plus 6s 6s Plus SE 7 7 Plus 8 8 Plus X

Q» 169 メッセージに写真や動画を添付したい

A 📷をタップして写真や動画を添付します。

＜メッセージ＞アプリの入力フィールド左側にある📷をタップして画面下部を左方向にスワイプすると、iPhone内に保存されている写真や動画を選択してメッセージに添付できます。また、📷をタップしたあと、＜カメラ＞をタップして、添付する写真や動画をその場で撮ることもできます。

1. 📷をタップし、
2. 画面下部を左方向にスワイプして、写真や動画を選択します。

[メッセージ]

6 6 Plus 6s 6s Plus SE 7 7 Plus 8 8 Plus X

Q» 170 アニ文字を使いたい

A →😺をタップします。

アニ文字とは、自分の声と表情をキャラクターに反映させながら録画し、相手に送るアニメーションメッセージです。＜メッセージ＞アプリでiMessageを利用中に、△→😺をタップして、任意のアニ文字をタップして選択します。iPhone Xをまっすぐ覗き込み、顔がフレーム内に収まるようにして、●をタップし、録画を開始します。

録画が終わったら、●をタップして送信します。なお、録画時間は最長で10秒です。

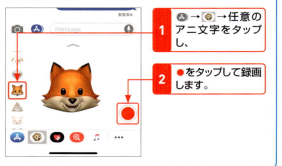

1. △→😺→任意のアニ文字をタップし、
2. ●をタップして録画します。

[メッセージ] 6 6 Plus 6s 6s Plus SE 7 7 Plus 8 8 Plus X

Q»171 添付された複数の写真を閲覧したい

A メッセージの送信画面で＜詳細＞をタップします。

＜メッセージ＞アプリで、これまでにやり取りしたデータを確認したいときは、メッセージの送信画面で右上のⓘをタップしましょう。そのあと画面を上方向にスワイプすると、過去に受信した写真や動画を確認することができます。これらのサムネイルをタップすれば、＜写真＞アプリに保存することもできます。

1 右上のⓘをタップし、
2 画面を上方向にスワイプすると、
3 これまでにやり取りした写真などを確認できます。
4 サムネイルをタップし、□→＜画像を保存＞をタップすると、画像を保存することもできます。

関連 Q.169 メッセージに写真や動画を添付したい ……… P.110

[メッセージ] 6 6 Plus 6s 6s Plus SE 7 7 Plus 8 8 Plus X

Q»172 メッセージに返信したい

A 受信したメッセージを表示して返信します。

メッセージに返信する場合は、受信したメッセージの下にある入力フィールドに、返信メッセージを入力したあと、⬆をタップしましょう。送受信したメッセージは、チャットのような形式で表示されるので、画面が切り替わることなく、そのままメッセージをやり取りできます。

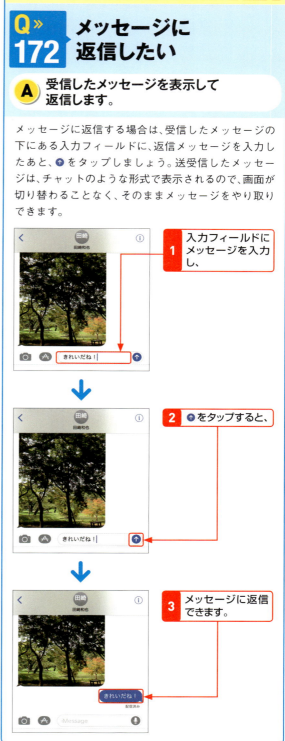

1 入力フィールドにメッセージを入力し、
2 ⬆をタップすると、
3 メッセージに返信できます。

111

5 メール&メッセージの便利技

[メッセージ] 6 6 Plus 6s 6s Plus SE 7 7 Plus 8 8 Plus X

Q» 173 手書きメッセージを送りたい

A メッセージの入力画面でiPhoneを横向きにします。

iOS 11では、手書きのメッセージを送信することができます。メッセージの入力画面で、iPhoneを横向きにすると、手書き文字の入力画面が表示されます。画面をなぞると、なぞったとおりの文字やイラストを描くことができ、そのまま相手に送信できます。なおQ.173～174の機能は、相手がiOS 10以上でない場合は、うまく表示されない（テキストとして表示される）ので注意しましょう。

1 メッセージの入力画面でiPhoneを横向きにします。

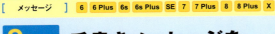

横向きにしても手書き文字の入力画面にならない場合は、をタップします。

2 画面をなぞって文字や絵を入力し、

3 <完了>をタップします。

4 ↑をタップすると相手に手書きメッセージが送信されます。

[メッセージ] 6 6 Plus 6s 6s Plus SE 7 7 Plus 8 8 Plus X

Q» 174 リアクション付きのメッセージを送りたい

A アイコンでリアクションできます。

相手のメッセージに対してメッセージで返信するのではなく、SNSのようにアイコンを使ってリアクションすることもできます。リアクションしたいメッセージをダブルタップし、表示されるアイコンをタップします。

1 リアクションしたいメッセージをダブルタップします。

2 相手に送りたいリアクションのアイコンを選んでタップします。

3 メッセージにリアクションが追加され、相手に通知されます。

リアクションを取り消したい場合は、再度メッセージをダブルタップし、同じアイコンをタップします。

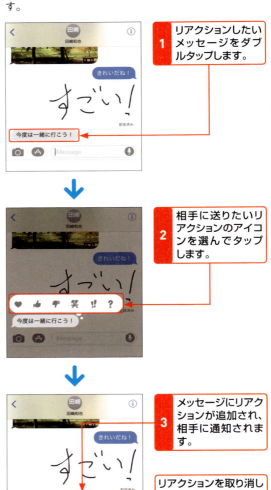

[メッセージ]　6　6 Plus　6s　6s Plus　SE　7　7 Plus　8　8 Plus　X

Q 175 ロック画面から すばやく返信したい

A 通知を軽く押します。

メッセージを受信すると、ロック画面に通知が表示されます。その場ですぐに受信したメッセージに返信したい場合は、その通知を軽く押しましょう。メッセージの詳細画面が表示されるので、下部の入力フィールドに返信内容を入力し、 をタップして返信します。

関連 Q.022　ロック画面に通知が表示されたら?　............　P.32

[メッセージ]　6　6 Plus　6s　6s Plus　SE　7　7 Plus　8　8 Plus　X

Q 176 メッセージを 削除したい

A メッセージを選んで削除できます。

メッセージを削除するには、ホーム画面から＜メッセージ＞をタップし、削除したいメッセージをタッチします。メニューが表示されるので＜その他＞をタップします。メッセージを選んで左下の をタップすると、メッセージを削除するかどうかの確認画面が表示されます。＜メッセージを削除＞を選ぶと、メッセージが削除されます。

113

5 メール&メッセージの便利技

[メッセージ]　　　　　　　　　　　　　6　6 Plus　6s　6s Plus　SE　7　7 Plus　8　8 Plus　X

Q»177 メッセージの相手を連絡先に追加したい

A メッセージをやり取りしている相手を連絡先に追加します。

＜メッセージ＞アプリもメールと同様、相手のメールアドレスなどを連絡先に追加できます。
相手とのメッセージのやり取りを行っている画面の右上に表示されるⓘをタップし、相手の宛先をタップして、＜新規連絡先を作成＞か＜既存の連絡先に追加＞をタップすると登録できます。

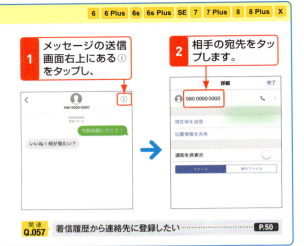

関連 Q.057　着信履歴から連絡先に登録したい　P.50

[メッセージ]　　　　　　　　　　　　　6　6 Plus　6s　6s Plus　SE　7　7 Plus　8　8 Plus　X

Q»178 メッセージ機能をオフにしたい

A iMessageからサインアウトします。

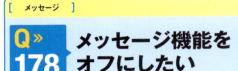

普段はメッセージ機能を使わない、どうしてもオフにしたいという場合だけ、＜設定＞アプリからメッセージ機能を制限しましょう。メッセージ機能をオフにしたい場合は、ホーム画面で＜設定＞→＜メッセージ＞→＜送受信＞→＜Apple ID＞→＜サインアウト＞をタップします。

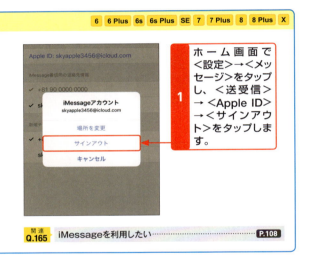

関連 Q.165　iMessageを利用したい　P.108

[メッセージ]　　　　　　　　　　　　　6　6 Plus　6s　6s Plus　SE　7　7 Plus　8　8 Plus　X

Q»179 連絡先別にメッセージの着信音を設定したい

A 連絡先の＜編集＞をタップして着信音を設定できます。

ホーム画面で＜便利ツール＞→＜連絡先＞をタップして、連絡先一覧を表示したら、着信音を変更したい連絡先をタップしましょう。そのあと、画面右上の＜編集＞をタップします。そして＜着信音＞や＜メッセージ＞をそれぞれタップすれば、連絡先ごとに着信音を設定することができます。

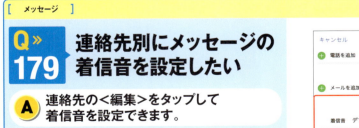
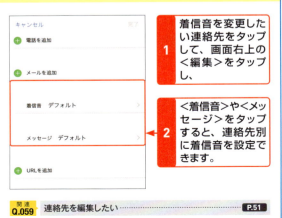

関連 Q.059　連絡先を編集したい　P.51

第6章

写真&動画の便利技

180 >>> 219	写真
220 >>> 228	動画
229 >>> 230	AirDrop
231	ピープル

[写真] 　6　6 Plus　6s　6s Plus　SE　7　7 Plus　8　8 Plus　X

Q180 iPhoneで写真を撮りたい

A ホーム画面から＜カメラ＞アプリをタップしましょう。

iPhoneでの写真撮影は＜カメラ＞というアプリを使って行います。最初から搭載されているため、App Storeからアプリをダウンロードする必要はありません。カメラの解像度はiPhone 6s／6s Plus／7／7 Plus／8／8 Plus／Xでは1,200万画素、iPhone 7 Plus／8 Plus／Xではデュアルカメラを搭載しています。

1 ホーム画面で＜カメラ＞をタップして＜カメラ＞アプリを起動し、

2 左右にスワイプして＜写真＞に切り替えたら、

3 ピントを合わせたい場所をタップして、ピントを合わせます。

露出も自動的に決定されます。

4 ◯をタップすると、撮影できます。

◯をタッチすると、連続して写真を撮影できます。

[写真] 　6　6 Plus　6s　6s Plus　SE　7　7 Plus　8　8 Plus　X

Q181 iPhoneの2つのカメラの違いは？

A カメラのスペックと用途が違います。

iPhoneには、前面と背面に1つずつカメラが備わっています。前面のカメラの正式名称は「FaceTime HDカメラ」(iPhone Xでは「TrueDepthカメラ」)といいます。iPhoneの大きな画面で写真のプレビューを確認しながら、初心者でもかんたんに撮影することができます。背面カメラは解像度が高く、ズームやフラッシュなどの機能を利用できます。通常の写真撮影をする際に重宝します。iPhoneのカメラ機能は新しい機種が出るたびに進化しており、コンパクトデジタルカメラにも負けない画質の写真を撮ることができます。

一方、FaceTime HDカメラは、iPhoneの前面側に搭載されており、自分自身の撮影やFaceTimeを利用するときに活躍します。iPhone 7／7 Plus／8／8 Plus／XではFaceTime HDカメラは700万画素です。フラッシュ機能も利用でき、より鮮明な写真や動画を撮影して相手に送信できます。

背面カメラと FaceTime HD カメラの比較

		iPhone 6／6 Plus	iPhone 6s／6s Plus	iPhone 7／7Plus／8／8 Plus／X
背面カメラ	写真	800万画素	1,200万画素	
背面カメラ	動画	1,080 HD (30fpsまたは60fps)	4K動画撮影 (3,840×2,160、30fps (iPhone 8以降は24fps、30fpsまたは60fps)) 1,080 HD (30fpsまたは60fps)	
背面カメラ	主な機能	ズーム、フラッシュ、オートフォーカス、タップフォーカス、AE／AFロック		
Face Time HD カメラ	写真	500万画素	500万画素	700万画素
Face Time HD カメラ	動画	720p HD	720p HD	1080p HD
Face Time HD カメラ	主な機能	タップフォーカス（露出のみ）、AEロック、フラッシュ（iPhone 6s／6s Plus以降）		

[写真] 6 6 Plus 6s 6s Plus SE 7 7 Plus 8 8 Plus X

Q 182 カメラをすばやく起動するには

A ロック画面を左方向にスワイプします。

iPhoneを触っていないときに、シャッターチャンスが訪れることもあります。そのような場合は、ロック画面から直接＜カメラ＞アプリを起動しましょう。ロック画面を左方向にスワイプするだけで、すぐに＜カメラ＞アプリが起動します。

1 ロック画面を左方向にスワイプすると、＜カメラ＞アプリが起動します。

[写真] 6 6 Plus 6s 6s Plus SE 7 7 Plus 8 8 Plus X

Q 184 セルフタイマーを使うには

A 画面上部のをタップします。

セルフタイマーの機能を利用するには、＜カメラ＞アプリを起動して画面上部のをタップし、＜3秒＞もしくは＜10秒＞をタップしましょう。そのあと○をタップすると、カウント後に写真が撮影されます。

1 →＜3秒＞または＜10秒＞をタップしたあと、

2 ○をタップすると、時間経過後に撮影されます。

[写真] 6 6 Plus 6s 6s Plus SE 7 7 Plus 8 8 Plus X

Q 183 ズームして写真を撮りたい

A 画面をピンチオープンしましょう。

カメラをズームさせたいときは、画面をピンチオープンしましょう（Q.011参照）。ズームアウトしたいときは、ピンチクローズします（Q.011参照）。一度ピンチオープン／ピンチクローズの操作を行うと、画面下部にバーが表示され、を左右にドラッグしてズームを調整することも可能です。なお、ズームに対応しているのは背面カメラだけです。

細かい調整は、画面下部のバー内の（iPhone X、iPhone 8 Plusでは倍率）を左右にドラッグしましょう。

[写真] 6 6 Plus 6s 6s Plus SE 7 7 Plus 8 8 Plus X

Q 185 ピントや露出を固定するには

A 撮影画面で任意の場所をタッチすれば固定できます。

＜カメラ＞アプリの起動中に任意の場所をタッチすると、ピントと露出が固定されます。この機能はAE／AFロックと呼ばれており、たとえばピントを合わせたまま撮影角度を変えたいときなどに便利です。

AE／AFロックは、背面カメラでのみ利用できます（FaceTime HDカメラは露出の固定のみ利用可能）。

写真のピント・露出を固定する基準にしたい場所をタッチし、画面上に「AE／AFロック」と表示されるまで押し続けます。

[写真] 6　6 Plus　6s　6s Plus　SE　7　7 Plus　8　8 Plus　X

Q 186 パノラマ写真を撮るには

A <パノラマ>に切り替えて撮影します。

パノラマ写真を撮影するには、<カメラ>アプリの画面を左右にスワイプして<パノラマ>に切り替えます。◯をタップしてiPhoneを水平に右方向に回転させると撮影できます。なお、◯をタップする前に➡をタップすると、左方向に回転させて撮影できます。

1 左右にスワイプして<パノラマ>に切り替えます。

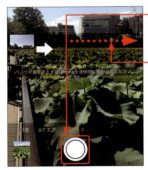

2 ◯をタップし、

3 iPhoneを水平にして、表示された矢印の方向に回転させます。

4 ◯をタップすると撮影が完了します。

矢印の方向に回転しきることでも撮影が完了します。

関連 Q.187　HDR撮影がしたい　P.118

[写真] 6　6 Plus　6s　6s Plus　SE　7　7 Plus　8　8 Plus　X

Q 187 HDR撮影がしたい

A 自動、または手動でオンにできます。

iPhoneでは、明暗の差を広く取るHDR撮影ができます。この機能により、明るい部分や暗い部分がつぶれない写真が撮影できます。初期状態では明るさに応じて自動的にオンになりますが、ホーム画面で<設定>→<カメラ>→<自動HDR>の ◯ をタップして ◯ にすると、<カメラ>アプリでオン／オフを切り替えられます。

1 <HDR>→<オン>をタップすると、HDR撮影がオンになります。

[写真] 6　6 Plus　6s　6s Plus　SE　7　7 Plus　8　8 Plus　X

Q 188 撮影時にグリッドを表示したい

A <設定>アプリでグリッドをオンにします。

<カメラ>アプリでの撮影時に、縦横のグリッドを表示することができます。構図のバランスを取る場合に便利です。グリッドをオンにするには、ホーム画面で<設定>→<カメラ>をタップし、<グリッド>を ◯ にします。

1 ホーム画面で<設定>→<カメラ>→<グリッド>の ◯ をタップして ◯ にします。

[写真] 6 6 Plus 6s 6s Plus SE 7 7 Plus 8 8 Plus X

Q189 写真に位置情報を付加したくない

A ＜設定＞アプリで設定しましょう。

iPhoneでは、撮影した場所の位置情報を写真に付加するかどうかを設定できます。＜カメラ＞アプリの初回起動時に、「"カメラ"の使用中に位置情報の利用を許可しますか？」と表示されるので、＜許可＞をタップすると写真に位置情報が付加され、＜許可しない＞をタップすると付加されなくなります。また、一度設定したあとも、＜設定＞アプリの＜プライバシー＞から位置情報の設定を変更できます。

なお、iPhoneに付加された位置情報は、その写真を受け取った人なら誰でも確認できます。Twitterやブログなど、不特定多数の人が見る場所に写真を投稿するときは、設定をオフにしておきましょう。

1 ホーム画面で＜設定＞→＜プライバシー＞をタップし、

2 ＜位置情報サービス＞をタップして、

3 ＜カメラ＞を「許可しない」に切り替えると、写真に位置情報を保存しないようになります。位置情報を付加したいときは、「使用中のみ」に設定します。

関連 Q.040 「位置情報サービス」って何？ P.42

[写真] 6 6 Plus 6s 6s Plus SE 7 7 Plus 8 8 Plus X

Q190 最新の写真をすばやく見たい

A 画面左下のサムネイルをタップします。

撮影した最新の写真をその場で確認するには、＜カメラ＞アプリの画面左下のサムネイルをタップしましょう。写真が拡大表示され、出来栄えをすぐ確認できます。この状態で画面を右方向にスワイプすると、それ以前に撮影した写真に切り替えることができます。＜をタップすると、撮影画面に戻ります。

1 画面左下のサムネイルをタップすると、

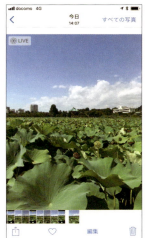

2 最新の写真が拡大表示されます。

画面を右方向にスワイプすると写真が切り替わります。

関連 Q.192 撮った写真をあとで閲覧したい P.120

[写真] 6 6 Plus 6s 6s Plus SE 7 7 Plus 8 8 Plus X

Q 191 撮った写真をプレビュー表示したい

A サムネイルを軽く押します。

＜カメラ＞アプリで撮影した最新の写真をプレビュー表示するには、画面左下のサムネイルを軽く押します。そのまま右方向にスライドすると写真を切り替えられます。指を離すとすぐに撮影画面に戻ります。＜写真＞アプリでも、「カメラロール」などのサムネイルを軽く押すと、同様にプレビュー表示できます。

＜カメラ＞アプリの場合

1 画面左下のサムネイルを軽く押すと、

2 最新の写真がプレビュー表示されます。

そのまま右方向にスライドすると写真が切り替わります。

＜写真＞アプリの場合

1 「カメラロール」などでサムネイルを軽く押すと、プレビュー表示されます。

関連 Q.190 最新の写真をすばやく見たい………P.119

[写真] 6 6 Plus 6s 6s Plus SE 7 7 Plus 8 8 Plus X

Q 192 撮った写真をあとで閲覧したい

A ＜カメラロール＞をタップしましょう。

iPhoneで撮影した写真は、＜写真＞アプリの「カメラロール」内に保存されます。ホーム画面で＜写真＞→＜アルバム＞→＜カメラロール＞をタップすれば閲覧できます。なお、＜写真＞アプリには編集機能も用意されており、補正やトリミングが行えます（Q.202参照）。＜設定＞アプリの＜自分の名前＞→＜iCloud＞→＜写真＞をタップして表示される「iCloudフォトライブラリ」がオンになっている場合、「カメラロール」ではなく「すべての写真」と表示されます。

1 ホーム画面で＜写真＞をタップし、

2 ＜アルバム＞をタップして、

3 ＜カメラロール＞をタップします。

4 iPhoneで撮影した写真が表示されます。

関連 Q.190 最新の写真をすばやく見たい………P.119

[写真]　　　6　6 Plus　6s　6s Plus　SE　7　7 Plus　8　8 Plus　X

Q 193　iPhoneをデジタルフォトフレームにしたい

A 写真を表示して □ をタップします。

スライドショーを利用するには、ホーム画面で＜写真＞をタップし、閲覧したいアルバムをタップします。任意の写真をタップしたあと、画面下部の □ をタップしましょう。そのあと＜スライドショー＞をタップすれば、指定したアルバム内の写真が順番に表示されます。

1　ホーム画面で＜写真＞をタップし、

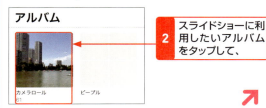

2　スライドショーに利用したいアルバムをタップして、

3　任意の写真をタップして選択し、

4　画面下部の □ をタップします。

5　＜スライドショー＞をタップすると、

6　スライドショーが開始されます。

[写真]　　6　6 Plus　6s　6s Plus　SE　7　7 Plus　8　8 Plus　X

Q 194　ほかのアプリで写真を開きたい

A □ をタップしてアプリをタップします。

＜写真＞アプリで選択した写真は、ほかのアプリでそのまま開くことができます。＜写真＞アプリで任意のアルバム→任意の写真をタップし、□ をタップして、任意のアプリをタップします。

1　任意の写真を表示し、□ →任意のアプリをタップします。

[写真]　　6　6 Plus　6s　6s Plus　SE　7　7 Plus　8　8 Plus　X

Q 195　Live Photosでできること

A 写真に撮影前後の動きと音を加えられます。

通常の写真は当然静止画ですが、Live Photosではシャッターを切る前後の動きや音までをとらえた、動く写真を撮影できます。Live Photosは写真の撮影画面で ◉ をタップし、◉ になった状態で撮影できます。

Live Photosがオンになっているときは ◉ が表示されます。

再生画面で撮影した写真を押すと、写真が動き出します。

121

6 写真&動画の便利技

[写真] 　　　　　　　　　　　　　　　　　　　6 ｜ 6 Plus ｜ 6s ｜ 6s Plus ｜ SE ｜ 7 ｜ 7 Plus ｜ 8 ｜ 8 Plus ｜ X

Q.196 写真を削除したい

A 任意の写真をタップして🗑をタップします。

カメラロールに保存した写真を削除する場合は、ホーム画面で＜写真＞をタップし、削除したい写真が入ったアルバムをタップして任意の写真をタップしたあと、🗑→＜写真を削除＞をタップします。ブレたり、ピントがぼけたりしてしまった写真を削除したいときなどに活用しましょう。

1 任意の写真をタップして表示し、

2 🗑→＜写真を削除＞をタップします。

削除した写真は「アルバム」画面の＜最近削除した項目＞で、削除してから30日間は閲覧できます（Q.198参照）。

[写真] 　　　　　　　　　　　　　　　　　　　6 ｜ 6 Plus ｜ 6s ｜ 6s Plus ｜ SE ｜ 7 ｜ 7 Plus ｜ 8 ｜ 8 Plus ｜ X

Q.197 写真をまとめて削除したい

A 写真を一覧表示した状態で削除します。

Q.196と同様に削除したい写真が入ったアルバムをタップし、画面右上の＜選択＞をタップします。削除したい写真をタップして選び、🗑→＜○枚の写真を削除＞（または＜○項目を削除＞）をタップすれば、一度に多くの写真を削除できます。＜キャンセル＞をタップすれば、削除を中止することができます。

1 アルバム内の写真一覧を表示した状態で＜選択＞をタップし、

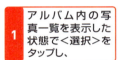

2 複数の写真をタップして、🗑→＜○枚の写真を削除＞（または＜○項目を削除＞）をタップします。

[写真] 　　　　　　　　　　　　　　　　　　　6 ｜ 6 Plus ｜ 6s ｜ 6s Plus ｜ SE ｜ 7 ｜ 7 Plus ｜ 8 ｜ 8 Plus ｜ X

Q.198 削除した写真をもとに戻したい

A ＜最近削除した項目＞から、30日以内ならもとに戻せます。

一度削除した写真は、削除してから30日以内であれば、＜最近削除した項目＞から復元できます。Q.192手順3の画面で、＜最近削除した項目＞をタップします。30日以内に削除した写真が表示されるので、＜選択＞をタップして、復元したい写真をタップして選択し、＜復元＞をタップします。

1 「最近削除した項目」画面で、＜選択＞→復元したい写真→＜復元＞→＜○枚の写真を復元＞をタップします。

各写真には完全に削除されるまでの日数が表示されています。

関連 Q.196　写真を削除したい　　　　　　P.122

[写真]　6　6 Plus　6s　6s Plus　SE　7　7 Plus　8　8 Plus　X

Q»199 複数の写真をまとめてメールで送りたい

A ＜写真＞アプリを使って写真を選択します。

iPhoneでは、複数の写真を一度にメールへ添付することが可能です。ホーム画面で＜写真＞をタップして、任意のアルバムをタップします。画面右上の＜選択＞をタップして送信したい写真をタップし、□→＜メール＞をタップすると、選択した写真が添付された状態で、メールの作成画面が開きます。そのあとは本文とアドレスを入力して、＜送信＞をタップしましょう。

なお、キャリアのメールアドレスでは、メールサイズの上限が設定されており、上限を超えるサイズのメールは送信できません。写真の添付時は、メールサイズに注意して送信しましょう。

1 アルバム内の写真一覧を表示した状態で＜選択＞をタップし、送信したい写真をタップして選択します。

2 □をタップして、

3 ＜メール＞をタップすると、選択した写真が添付された「新規メッセージ」画面に切り替わります。

関連 Q.146　メールに写真を添付したい ……………… P.101

[写真]　6　6 Plus　6s　6s Plus　SE　7　7 Plus　8　8 Plus　X

Q»200 撮った写真を壁紙に設定したい

A 写真を表示して□をタップします。

iPhoneで撮影した写真は、ロック画面とホーム画面の壁紙に設定できます。撮影した写真を壁紙に設定するには、ホーム画面で＜写真＞→＜カメラロール＞をタップして、目的の写真をタップしたあと、□をタップします。＜壁紙に設定＞をタップし、画面の中心の枠に合わせてピンチクローズ・ピンチオープンやドラッグ操作で写真を調整したあと、＜設定＞をタップします。＜ロック中の画面に設定＞＜ホーム画面に設定＞＜両方に設定＞のいずれかをタップすれば、選択した写真が壁紙に設定されます。

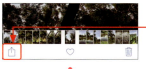

1 壁紙として設定したい写真を表示して、□をタップし、

2 ＜壁紙に設定＞をタップして、

3 画面の中心の枠に合わせて写真の位置やサイズを調整したあと、

4 ＜設定＞をタップし、

5 設定したい箇所をタップすれば、壁紙として設定されます。

Q201 撮った写真を連絡先に設定したい

[写真] 6 6 Plus 6s 6s Plus SE 7 7 Plus 8 8 Plus X

A Q.200と同様の操作で設定できます。

撮影した写真を連絡先に設定すると、相手から電話などがかかってきた際、その写真が画面上に表示されるようになります。方法はQ.200とほぼ同様で、Q.200手順**1**のあと、＜連絡先に設定＞をタップします。連絡先一覧から写真を設定したい連絡先を選択し、位置やサイズを調整すれば、写真が連絡先のアイコン画像として設定されます。

1 連絡先として設定したい写真を表示して□をタップし、

2 ＜連絡先に設定＞をタップして、

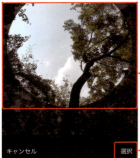

3 画像を設定したい連絡先をタップして選択し、

4 表示位置やサイズを調整して、

5 ＜選択＞→＜アップデート＞をタップします。

6 連絡先を確認すると、選択した写真が設定されています。

Q202 撮影した写真を編集するには

[写真] 6 6 Plus 6s 6s Plus SE 7 7 Plus 8 8 Plus X

A さまざまな編集方法が用意されています。

＜写真＞アプリでは、写真の向きを変更する「回転」、色や明るさを自動で調整してくれる「自動補正」、写真の画質を変える「フィルタ」、赤目を修正する「赤目を修正」、写真サイズを調整する「トリミング」などの編集機能が搭載されています。撮影した写真を加工したいときに活用しましょう（Q.203〜205参照）。

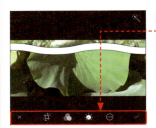

写真を表示した状態で画面右上の＜編集＞をタップすると、写真の編集画面とアイコンが表示されます。

Q203 写真をトリミングしたい

[写真] 6 6 Plus 6s 6s Plus SE 7 7 Plus 8 8 Plus X

A 自由にトリミングしたり縦横比を指定してトリミングしたりできます。

撮影した写真の一部分だけを切り取って保存したいという場合は、トリミング機能を利用しましょう。トリミングしたい写真を表示したら、＜編集＞をタップします。画面下部の□をタップしたあと、写真をズーム・回転・ドラッグしたり、表示された枠の四辺をドラッグしたりしてトリミング範囲を決めましょう。この際、□をタップして縦横比をタップすると、トリミングの枠を整えることができます。そのあと☑をタップすると、編集した写真が保存されます。写真の回転も可能です。

1 写真を表示して＜編集＞→□をタップすると、トリミングできます。

[写真] 6 6 Plus 6s 6s Plus SE 7 7 Plus 8 8 Plus X

Q » 204 写真を補正したい

A 「自動補正」と「写真フィルタ」を利用します。

写真は、「自動補正」「写真フィルタ」の2種類の方法で補正できます。自動補正の場合、画面右上の■をタップすると、明度などが自動的に補正されます。写真フィルタの場合、画面下部の■をタップしたあと、使用したいフィルタをタップすると、写真の色調が変化します。編集が完了したら、■をタップして写真を保存しましょう。

自動補正

<編集>→■をタップすると、アイコンの色が変わり、自動調整されます。

写真フィルタ

■をタップし、表示されるフィルタをタップすると、色調が変化します。写真の撮影時に設定することも可能です。

[写真] 6 6 Plus 6s 6s Plus SE 7 7 Plus 8 8 Plus X

Q » 205 写真の明るさやコントラストを調整したい

A 編集画面で■をタップします。

＜写真＞アプリでは、写真の明るさやコントラストなども調整できます。
Q.192を参照して写真を表示したあと、画面右上の＜編集＞をタップし、■をタップしましょう。＜ライト＞＜カラー＞＜白黒＞の3つの要素で写真を調整します。タップして左右にドラッグして調整するほか、各要素の■をタップするとより詳細な項目が表示されるので、調整したい項目をタップし、左右にドラッグします。調整が終わったら■をタップして写真を保存します。

1 Q.192を参照して写真を表示したあと、

2 <編集>→■をタップし、＜ライト＞＜カラー＞＜白黒＞のいずれかをタップすると、色調やコントラストの調整ができます。

[写真] 6 6 Plus 6s 6s Plus SE 7 7 Plus 8 8 Plus X

Q » 206 写真をお気に入りに追加したい

A 画面下部の♡をタップします。

最新の＜写真＞アプリでは、気に入った写真をかんたんに「お気に入り」のフォルダーへ保存することができます。Q.192を参照して任意の写真を表示したあと、画面下部の♡をタップしましょう。そのあと「アルバム」画面に戻ると、「お気に入り」のアルバムが自動的に作成され、その中に写真が保存されているのを確認できます。

1 写真を表示し、画面下部の♡をタップすると、「お気に入り」のアルバムが作成され、中に写真が保存されます。

[写真] 6　6 Plus　6s　6s Plus　SE　7　7 Plus　8　8 Plus　X

Q 207 編集をキャンセルしたい

A ✕→＜変更内容を破棄＞をタップしましょう。

＜写真＞アプリでは、用意された機能を駆使してさまざまな編集を行えますが、途中で操作を取り消すこともできます。編集中、画面左下に表示されている✕→＜変更内容を破棄＞をタップしましょう。編集する前の状態に戻ります。もし編集を行ったあとで、写真を完全にもとの状態に戻したいときは、Q.208の手順を行いましょう。

1　画面左下の✕→＜変更内容を破棄＞をタップすると、編集する前の状態に戻ります。

関連 Q.208　編集後の写真をもとに戻したい……P.126

[写真] 6　6 Plus　6s　6s Plus　SE　7　7 Plus　8　8 Plus　X

Q 208 編集後の写真をもとに戻したい

A 編集した写真も、あとからもとの状態に戻すことが可能です。

Q.192を参照して編集後の写真を表示したあと、＜編集＞→＜元に戻す＞をタップしましょう。そのあと、＜オリジナルに戻す＞をタップすると、写真がもとの状態で再保存されます。

1　編集後の写真を表示し、

2　＜編集＞をタップして、

4　＜オリジナルに戻す＞をタップします。

3　＜元に戻す＞をタップしたあと、

5　写真がもとの状態で再保存されます。

関連 Q.207　編集をキャンセルしたい……P.126

[写真] 6 6 Plus 6s 6s Plus SE 7 7 Plus 8 8 Plus X

Q»209 新しいアルバムを作りたい

A 「アルバム」画面で＋をタップしましょう。

カメラロールに保存された写真が多くなると、目当ての写真が探しづらくなってきます。そうしたときは、テーマ別のアルバムを作成して整理すると便利です。ホーム画面から＜写真＞→＜アルバム＞をタップし、「アルバム」画面で＋をタップします。任意のアルバム名を入力して＜保存＞をタップし、アルバムに保存したい写真をタップしたあと、＜完了＞をタップすれば、新しいアルバムが追加されます。

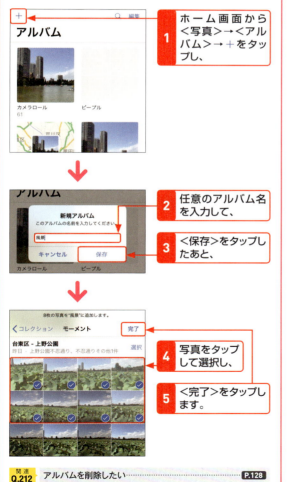

1. ホーム画面から＜写真＞→＜アルバム＞→＋をタップし、
2. 任意のアルバム名を入力して、
3. ＜保存＞をタップしたあと、
4. 写真をタップして選択し、
5. ＜完了＞をタップします。

関連 Q.212 アルバムを削除したい……P.128

[写真] 6 6 Plus 6s 6s Plus SE 7 7 Plus 8 8 Plus X

Q»210 アルバムに写真を移したい

A 作成したアルバムにカメラロールから写真を追加しましょう。

写真を別のアルバムに移動させたい場合は、「カメラロール」の画面右上の＜選択＞をタップし、写真を1枚または複数タップして、＜追加＞をタップします。そのあと移動先のアルバムをタップすれば、写真がそのアルバムに新しく保存されます。

1. ＜選択＞をタップし、

2. 移動したい写真を1枚または複数タップして、
3. ＜追加＞をタップしたあと、

4. 任意のアルバムをタップすると、写真を移動できます。

5. 「アルバム」画面で移動先のアルバムをタップすると、
6. アルバムに写真が追加されているのを確認できます。カメラロールにも写真が残ります。

[写真] 6　6 Plus　6s　6s Plus　SE　7　7 Plus　8　8 Plus　X

Q 211 アルバムを並べ替えたい

A 「アルバム」で＜編集＞をタップし、アルバムをタッチしましょう。

＜写真＞アプリで作成したアルバムは、自由に並び替えることが可能です。ホーム画面で＜写真＞→＜アルバム＞をタップし、「アルバム」画面右上の＜編集＞をタップしたあと、アルバムをタッチして拡大させて、そのままドラッグして並べ替え、＜完了＞をタップしましょう。
なお、パソコンから取り込んだ写真や動画のフォルダーは、並べ替えることができません。＜写真＞アプリで撮影したお気に入りの写真が保存されているアルバムを、画面の上部に移動させたいときなどに利用するとよいでしょう。

1　ホーム画面で＜写真＞→＜アルバム＞→＜編集＞をタップしたあと、

2　アルバムをタッチして、そのままドラッグします。

　　アルバムの順番が並べ替えられます。

3　＜完了＞をタップすると、位置が確定します。

[写真] 6　6 Plus　6s　6s Plus　SE　7　7 Plus　8　8 Plus　X

Q 212 アルバムを削除したい

A 「アルバム」で＜編集＞をタップしましょう。

「アルバム」で＜編集＞をタップすると、各アルバムの左上に●が表示されます。●をタップし、＜アルバムを削除＞をタップすると、そのアルバムは削除されます。作業を終えたら＜完了＞をタップしましょう。アルバムを削除した場合、そのアルバムに保存されていた写真もすべて消去され、復元することはできません。残しておきたいデータがあれば、あらかじめ別のアルバムに追加しておきましょう（Q.210参照）。

1　ホーム画面から＜写真＞→＜アルバム＞→＜編集＞をタップし、

2　削除したいアルバム名の左上にある●をタップして、

3　＜アルバムを削除＞をタップします。

4　ほかに削除するアルバムがなければ＜完了＞をタップします。

[写真]

6 6 Plus 6s 6s Plus SE 7 7 Plus 8 8 Plus X

Q»213 iPhoneの動画や写真をパソコンに取り込みたい

A USB接続をして、iPhoneからパソコンにコピーしましょう。

iPhoneで撮影した写真や動画をパソコンに転送することも可能です。パソコンがWindowsの場合はiPhoneとパソコンをLightning-USBケーブル（DockコネクタUSBケーブル）で接続したあと、iPhoneで＜許可＞をタップします。パソコンでタスクバーの■→＜Apple iPhone＞（端末によっては＜○○のiPhone＞または＜iPhone＞）をクリックし、＜Internal Storage＞→＜DCIM＞→任意のフォルダーを開くと、カメラロールのデータが一覧で表示されます。任意の写真や動画をデスクトップ上などにドラッグすると、パソコンへの転送が完了します。

3 任意のフォルダーをダブルクリックすると、

1 iPhoneとパソコンを接続してエクスプローラーを起動し、＜Apple iPhone＞をクリックします。

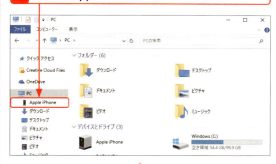

4 iPhone内のデータが表示されます。

2 ＜Internal Storage＞→＜DCIM＞をダブルクリックして、

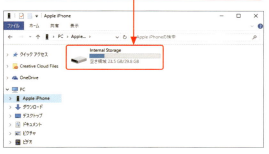

5 任意の写真や動画をデスクトップにドラッグすると、

6 デスクトップ上に保存されます。

[写真] 6 6 Plus 6s 6s Plus SE 7 7 Plus 8 8 Plus X

Q 214 マイフォトストリームって何?

A iPhoneで撮影した写真を、ほかのデバイスと共有するサービスです。

マイフォトストリームは、iPhoneで撮影した写真をパソコンやiPadなどのiOSデバイスと共有することができます。マイフォトストリームを使っているほかのデバイスには、自動的に新しい写真とビデオが表示されるようになります。また、ほかのデバイスで撮影した写真やビデオは、iPhoneのマイフォトストリームに自動的に表示されます。

マイフォトストリームを利用するには、無線LANに接続した状態でiCloudを設定する必要があります（Q.341参照）。iCloudの設定後、ホーム画面から＜設定＞→＜写真＞をタップし、＜マイフォトストリーム＞（「iCloudフォトライブラリ」（Q.345参照）がオンの場合は＜マイフォトストリームにアップロード＞）をオンに切り替えましょう。

1 ＜設定＞→＜写真＞をタップし、

2 ＜マイフォトストリーム＞の ○ を タップして ● に切り替えます。

関連 Q.344 マイフォトストリームで写真を共有したい ……… P.197

[写真] 6 6 Plus 6s 6s Plus SE 7 7 Plus 8 8 Plus X

Q 215 マイフォトストリームに保存できる枚数は?

A 1,000枚まで30日間保存できます。

マイフォトストリームの設定をオンにした状態で写真を撮影すると、「カメラロール」と「マイフォトストリーム」に同じデータが保存されるようになります。「マイフォトストリーム」には、1,000枚まで写真が保存でき、容量も制限はありません。ただし、30日を過ぎた写真は自動的に削除されます。「iCloudフォトライブラリ」（Q.345参照）で共有してiPhoneに保存した写真も、「マイフォトストリーム」にアップロード後、30日で削除されてしまうので気を付けましょう。

「iCloudフォトライブラリ」と「マイフォトストリーム」は同時に利用できます。

[写真] 6 6 Plus 6s 6s Plus SE 7 7 Plus 8 8 Plus X

Q 216 マイフォトストリームを無効にしたい

A ＜設定＞→＜写真＞をタップして、オフに切り替えます。

マイフォトストリームの設定は、ホーム画面から＜設定＞→＜写真＞をタップし、＜マイフォトストリーム＞をオフに切り替えることで無効にできます。その際、マイフォトストリームの写真はすべてiPhoneから削除されるので注意しましょう。

1 ホーム画面で＜設定＞→＜写真＞をタップし、

2 ＜マイフォトストリーム＞の ● →＜削除＞をタップして ○ にします。

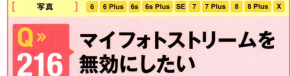

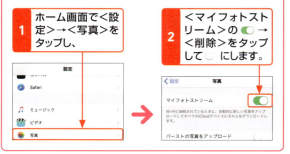

[写真] 6　6 Plus　6s　6s Plus　SE　7　7 Plus　8　8 Plus　X

Q» 217 マイフォトストリームの写真を削除したい

A 「マイフォトストリーム」で、削除したい写真をタップしましょう。

ホーム画面から＜写真＞をタップし、＜アルバム＞をタップして＜マイフォトストリーム＞をタップします。削除したい写真をタップし、画面右下の🗑をタップしましょう。削除後、マイフォトストリームからは完全に消去されますが、「カメラロール」内の画像はそのまま保存されます。

1 ＜マイフォトストリーム＞→削除したい写真をタップし、
2 🗑をタップします。

3 ＜写真を削除＞をタップします。

複数の写真を削除する

1 「マイフォトストリーム」で＜選択＞をタップし、
2 複数の写真をタップして、
3 下部メニューから🗑をタップしたあと、
4 ＜○枚の写真を削除＞をタップします。

[写真] 6　6 Plus　6s　6s Plus　SE　7　7 Plus　8　8 Plus　X

Q» 218 マイフォトストリームの写真を保存したい

A マイフォトストリーム上から任意の写真をタップしましょう。

「マイフォトストリーム」内の画像は、「カメラロール」や「アルバム」に保存することができます。ほかのデバイスを使って撮影した写真をiPhoneに保存したいときなどに活用しましょう。

写真を保存する

1 ホーム画面から＜写真＞→＜アルバム＞→＜マイフォトストリーム＞→任意の写真をタップし、
2 をタップします。

3 ＜画像を保存＞をタップします。

複数の写真を保存する

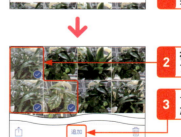

1 ＜マイフォトストリーム＞→＜選択＞をタップし、
2 複数の写真をタップして、
3 ＜追加＞をタップしたあと、

4 既存のアルバムか、＜新規アルバム＞をタップします。

[写真] 6 | 6 Plus | 6s | 6s Plus | SE | 7 | 7 Plus | 8 | 8 Plus | X

Q 219 自分の写真を撮影したい

A ホーム画面から＜カメラ＞をタップし、をタップしましょう。

iPhoneにはFaceTime HDカメラと背面カメラの2種類が搭載されています。前者は本体前面のもの、後者は本体の背面のものを撮影します。旅行先などで友人達と自分を撮影するときは、FaceTime HDカメラを利用するとよいでしょう。ホーム画面から＜カメラ＞をタップし、をタップすると、撮影画面がFaceTime HDカメラに切り替わります。画質は背面カメラよりも劣りますが、画面で確認しながら自分自身を撮影できます。両カメラとも、App Storeでリリースされているアプリと連携して、機能を拡張していくことが可能です。

1 をタップすると、

2 カメラが切り替わります。

3 をタップすると、カメラが再度切り替わります。

関連 Q.181 iPhoneの2つのカメラの違いは? ……… P.116

[動画] 6 | 6 Plus | 6s | 6s Plus | SE | 7 | 7 Plus | 8 | 8 Plus | X

Q 220 iPhoneで動画を撮影したい

A ＜カメラ＞をタップし、画面を右にスワイプします。

動画は、背面カメラとFaceTime HDカメラのどちらでも撮影できます。ホーム画面から＜カメラ＞をタップし、画面を右方向にスワイプして＜ビデオ＞に切り替えます。続いてをタップすると撮影が始まり、再びをタップすると撮影が終了します。

1 ホーム画面から＜カメラ＞をタップし、画面を右方向にスワイプすると、

2 ＜ビデオ＞に切り替わります。

3 をタップすると、

4 撮影が開始されます。

[動画] 6　6 Plus　6s　6s Plus　SE　7　7 Plus　8　8 Plus　X

Q.221 撮影した動画をすぐに再生したい

A の左にあるサムネイルをタップしましょう。

撮影終了後、●の左に動画のサムネイルが表示されます。すぐに撮影内容を確認したいときは、このサムネイルをタップしましょう。画面が開き、▶をタップすると再生が始まります。

1 撮影中です。

撮影中はここに時間が表示されます。

2 撮影終了後、●の左のサムネイルをタップします。

3 再生画面が開くので、▶をタップしましょう。

前に撮影した動画を見るには、<写真>アプリを利用します（Q.222参照）。

関連 Q.222　撮影した動画をあとで再生したい ……… P.133

[動画] 6　6 Plus　6s　6s Plus　SE　7　7 Plus　8　8 Plus　X

Q.222 撮影した動画をあとで再生したい

A <写真>→<アルバム>→<ビデオ>をタップします。

撮影した動画は静止画同様、<写真>アプリのカメラロールに保存されます。動画だけを見たい場合は、ホーム画面から<写真>をタップし、<アルバム>→<ビデオ>をタップします。任意の動画をタップして、▶をタップしましょう。

1 ホーム画面から<写真>をタップし、

2 <アルバム>→<ビデオ>をタップして、

3 任意の動画をタップしたあと、

動画の長さ（時間）が右下に表示されています。

4 ▶をタップします。

関連 Q.221　撮影した動画をすぐに再生したい ……… P.133

[動画] 6　6 Plus　6s　6s Plus　SE　7　7 Plus　8　8 Plus　X

Q.223 タイムラプス動画を撮影したい

A ＜タイムラプス＞に切り替えて撮影します。

タイムラプス動画とは、動画を一定の間隔で撮影し、高速なコマ送りのように再生できる動画のことです。タイムラプス動画を撮影するには、＜カメラ＞アプリの画面を右方向に数回スワイプして＜タイムラプス＞に切り替えます。■をタップすると撮影が開始され、■をタップすると撮影が完了します。

1 右方向に数回スワイプして＜タイムラプス＞に切り替えます。

2 ■をタップすると撮影が開始されます。

3 ■をタップすると撮影が完了します。

関連 Q.225　4K動画を撮影するには　P.135

[動画] 6　6 Plus　6s　6s Plus　SE　7　7 Plus　8　8 Plus　X

Q.224 動画の解像度や画質を設定するには

A ＜設定＞→＜カメラ＞→＜ビデオ撮影＞をタップします。

iPhoneでは、撮影する動画の解像度を設定することができます。ホーム画面で＜設定＞をタップし、＜カメラ＞→＜ビデオ撮影＞をタップして、任意の解像度をタップしてチェックを付けます。もっとも低い解像度は「720p HD/30 fps」で、もっとも高い解像度は「4K/30 fps」です。なお、「fps」とは1秒間のコマ数を意味します。iPhone 8以降では、下記手順2で＜フォーマット＞→＜高効率＞をタップすると、よりコマ数の多い「4K/60fps」も設定できるようになります。

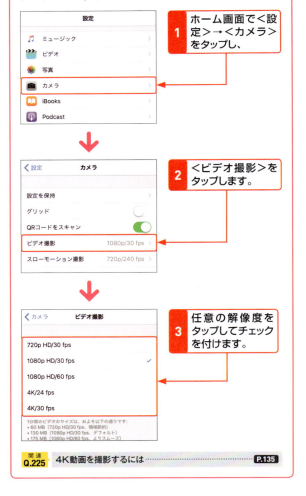

1 ホーム画面で＜設定＞→＜カメラ＞をタップし、

2 ＜ビデオ撮影＞をタップします。

3 任意の解像度をタップしてチェックを付けます。

関連 Q.225　4K動画を撮影するには　P.135

[動画] 6 6 Plus 6s 6s Plus SE 7 7 Plus 8 8 Plus X

Q 225 4K動画を撮影するには

A ＜4K/30 fps＞に切り替えて撮影します。

最高画質の4K動画を撮影するには、Q.224手順3で＜4K/30 fps＞（または＜4K/24fps＞）をタップします。iPhone 8以降では、「4K/60fps」も選択可能です（Q.224参照）。この状態で＜カメラ＞アプリを起動し、画面を右方向にスワイプして＜ビデオ＞に切り替えると、通常の動画と同じ手順で4K動画が撮影できます。

1 Q.224手順3の画面で＜4K/30fps＞（または＜4K/24fps＞）をタップします。

2 ホーム画面で＜カメラ＞をタップし、画面を右方向にスワイプして＜ビデオ＞に切り替えると、「4K・30」と表示されます。

3 ◉をタップすると撮影が開始されます。

4 ◉をタップすると撮影が完了します。

関連 Q.223 タイムラプス動画を撮影したい ……………… P.134

[動画] 6 6 Plus 6s 6s Plus SE 7 7 Plus 8 8 Plus X

Q 226 撮影した動画を途中から再生したい

A 再生画面をタップし、サムネイルをドラッグします。

長い動画の場合、序盤を飛ばして中盤から閲覧したいということもしばしばあります。そうしたときは、再生中に画面をタップし、下部にあるサムネイルをドラッグして再生位置を調整すると、指定した場面から動画が再生されます。

1 再生中に画面をタップし、

2 サムネイルをドラッグして再生開始位置を調節すると、

3 指定した場面から動画が再生されます。

[動画]　　　　　　　　　　　　　　　　　6 ｜ 6 Plus ｜ 6s ｜ 6s Plus ｜ SE ｜ 7 ｜ 7 Plus ｜ 8 ｜ 8 Plus ｜ X

Q 227　動画をトリミングしたい

A フレームビューアで必要な部分だけを抽出できます。

iPhoneでは、閲覧したい場面だけを残すように動画を編集することができます。ホーム画面から＜写真＞→＜アルバム＞→＜ビデオ＞→任意の動画→＜編集＞をタップして、編集画面を開きます。下部のフレームビューアの両端にある【か】をドラッグすると、枠の色が透明から黄色に変わります。この状態で枠の両端をドラッグしましょう。枠内の動画だけが残り、枠外のフレームはカットされます。続いて＜完了＞をタップし、＜新規クリップとして保存＞をタップすると、編集された動画が新しく「ビデオ」に保存されます。この際＜オリジナルをトリミング＞をタップすると、内容が上書きされ、編集前の動画は「ビデオ」から消失します。

1 ホーム画面から＜写真＞→＜アルバム＞→＜ビデオ＞→任意の動画→＜編集＞をタップし、フレームビューアの両端にある【か】を左右にドラッグすると、

2 フレームビューアの色が透明から黄色に変わります。

3 枠の両端をドラッグして必要な場面だけを残し、

4 ＜完了＞をタップして、

5 ＜新規クリップとして保存＞をタップします。

6 動画が新しく保存されます。

関連 Q.228　動画を削除したい……………………… P.137

[動画] 6 6 Plus 6s 6s Plus SE 7 7 Plus 8 8 Plus X

Q228 動画を削除したい

A 🗑 をタップしましょう。

撮影した動画は2つの方法で削除できます。1本の動画を削除する場合は、ホーム画面から＜写真＞→＜アルバム＞→＜ビデオ＞をタップします。任意の動画をタップして再生画面を開き、🗑→＜ビデオを削除＞をタップします。
複数の動画を削除する場合は、動画の一覧画面で＜選択＞をタップし、削除したい動画をタップしたあと、🗑→＜○本のビデオを削除＞をタップします。

動画ファイルごとに削除する

1 ＜アルバム＞→＜ビデオ＞→任意の動画をタップして再生画面を開いたあと、🗑をタップし、

2 ＜ビデオを削除＞をタップします。

複数の動画ファイルを一度に削除する

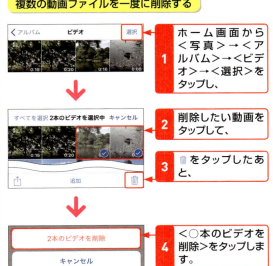

1 ホーム画面から＜写真＞→＜アルバム＞→＜ビデオ＞→＜選択＞をタップし、

2 削除したい動画をタップして、

3 🗑をタップしたあと、

4 ＜○本のビデオを削除＞をタップします。

[AirDrop] 6 6 Plus 6s 6s Plus SE 7 7 Plus 8 8 Plus X

Q229 AirDropって何？

A 近くにいる友人と写真やデータを共有する機能です。

AirDropとは、無線通信（Wi-Fi）を利用して、写真や動画、WebページのURLなどを、近くにいる知り合いへ送信できる機能です。
半径10メートル以内であればBluetoothも使用可能で、2つ以上のコンテンツを複数の相手へ同時に送信できます。＜設定＞アプリからオン／オフ、また送信対象を設定できます。メールなどを利用して写真を相手に送るのが面倒なときなどに、役に立ちます。

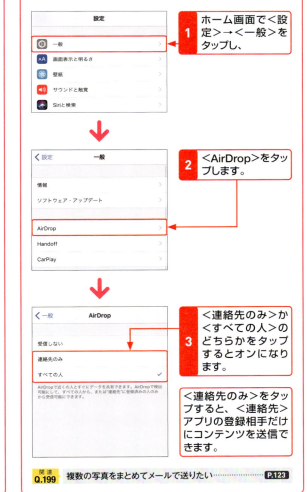

1 ホーム画面で＜設定＞→＜一般＞をタップし、

2 ＜AirDrop＞をタップします。

3 ＜連絡先のみ＞か＜すべての人＞のどちらかをタップするとオンになります。

＜連絡先のみ＞をタップすると、＜連絡先＞アプリの登録相手だけにコンテンツを送信できます。

関連 Q.199 複数の写真をまとめてメールで送りたい …… P.123

6 写真&動画の便利技

[AirDrop] 6 6 Plus 6s 6s Plus SE 7 7 Plus 8 8 Plus X

Q.230 写真や動画を送信したい

A AirDrop設定後、送信相手を選択します。

Q.229を参照して＜AirDrop＞をオンに切り替えると、近くにいる人へかんたんにお気に入りの写真や動画を送信することができます。＜写真＞アプリで任意の写真を表示し、□をタップしたあと、「タップしてAirDropで共有」に表示される送信相手のアイコンをタップすると、写真が自動的に送信されます。AirDropで受け取った写真は「カメラロール」で確認できます。また同様の方法で、＜連絡先＞の情報なども送信できます。

1 写真を表示して□をタップし、

2 送信相手のアイコンをタップします。

3 送信後、相手には左のような画面が表示され、写真が自動的に転送されます。

4 ＜受け入れる＞→＜をタップすると、

5 写真がカメラロールに保存されます。

[ピープル] 6 6 Plus 6s 6s Plus SE 7 7 Plus 8 8 Plus X

Q.231 ピープル&メモリーを活用したい

A ＜メモリーに追加＞をタップして「メモリー」に追加します。

人物の写真をある程度撮影すると、＜写真＞アプリの「アルバム」に「ピープル」が現れ、人物ごとに写真が自動でまとめられます。人物ごとの写真は、人物や日時、場所などで写真をコレクションできる「メモリー」に追加することで、アクセスしやすくできます。なお、特定の日時や場所の写真を「メモリー」に追加するには、＜写真＞→任意の日時や場所→＜メモリーに追加＞をタップします。

1 ホーム画面で＜写真＞→＜アルバム＞→＜ピープル＞→任意の人物をタップします。

2 ＜名前を追加＞をタップし、名前を入力して、＜次へ＞→＜完了＞をタップします。

3 ＜メモリーに追加＞をタップします。

4 ＜メモリー＞をタップすると、「メモリー」に追加された写真が確認できます。

第 **7** 章

音楽&
Apple Musicの
便利技

232 >>> 235	iTunes Store
236 >>> 247	音楽
248	AirPlay
249 >>> 256	Apple Music
257 >>> 265	iTunes
266 >>> 267	自動ダウンロード

[iTunes Store] 6 6 Plus 6s 6s Plus SE 7 7 Plus 8 8 Plus X

Q 232 iTunes Storeに アクセスするには

A ホーム画面で<iTunes Store>を タップします。

＜iTunes Store＞アプリは、アップルが運営している オンラインストアです。音楽やミュージックビデオ、映 画などのダウンロード購入ができます。また、音楽や ミュージックビデオは、購入前に試聴することができ ます。試聴方法については、Q.234を参照してください。 iTunes Storeにアクセスするためには、ホーム画面で ＜iTunes Store＞をタップします。

1 ホーム画面で ＜iTunes Store＞ をタップします。

「ファミリー共有を設 定」画面が表示された ら、必要に応じて設定 します。

2 iTunes Storeにア クセスできます。

関連 Q.358 Apple IDを作りたい   P.206

[iTunes Store] 6 6 Plus 6s 6s Plus SE 7 7 Plus 8 8 Plus X

Q 233 iTunes Storeで 曲を購入したい

A 曲の料金欄をタップしましょう。

iPhoneからiTunesを起動して曲を購入する場合、 Apple IDでサインインする必要があります。Apple ID の取得についてはQ.358を参照してください。設定完 了後、ホーム画面から＜iTunes Store＞→＜ミュージッ ク＞をタップします。任意の曲やアルバムの料金欄を タップして、＜支払い＞をタップし、Apple IDのパス ワードを入力して＜サインイン＞をタップすると、ダ ウンロードされます。

1 ホーム画面から ＜iTunes Store＞ →＜ミュージック＞ をタップし、

2 曲の料金欄をタッ プして、

画面上部の料金欄を タップすると、アルバ ムを購入できます。

3 ＜支払い＞をタップ します。

4 Apple IDのパス ワードを入力した ら、

5 ＜サインイン＞を タップします。

[iTunes Store]　6　6 Plus　6s　6s Plus　SE　7　7 Plus　8　8 Plus　X

Q234 iTunes Storeで試聴したい

A 任意の曲をタップし、タイトル左の番号をタップしましょう。

CDショップなどで新作の楽曲を試聴するように、＜iTunes Store＞アプリで任意の曲をタップした際、曲のタイトル左の番号をタップすれば、曲の一部を試聴することができます。試聴できる時間はほとんどの曲が90秒で、短い曲などは30秒の場合があります。なお、再生する位置を指定することはできません。再生が終わると次の曲には進まずにもとの表示に戻ります。この機能は、リリースされているほぼすべての曲に対応しているので、気になった曲はどんどん試聴しましょう。

1 ホーム画面から＜iTunes Store＞をタップし、

2 アルバムや曲をタップして選択します。

3 曲名の左にある番号をタップすると、

4 曲の一部が再生されます。

をタップすると、曲が停止します。

[iTunes Store]　6　6 Plus　6s　6s Plus　SE　7　7 Plus　8　8 Plus　X

Q235 iPhoneに曲を取り込みたい

A 曲を購入したり、音楽CDを取り込んだりする方法があります。

iPhoneに曲を取り込むためには、＜iTunes Store＞アプリで曲を購入したり、音楽CDをパソコンのiTunesを使って取り込み、iPhoneとパソコンを同期したりする方法があります。

iTunes Storeで曲を購入する

iTunes Storeでは、新着ミュージックなどのさまざまな曲を購入できます（Q.233参照）。

音楽CDをパソコンに取り込む

音楽CDをパソコンのiTunesに取り込み、iPhoneと同期すると、iPhoneに曲を取り込めます（Q.262参照）。

iPhoneとiTunesを同期する

iPhoneとパソコンのiTunesを同期すると、パソコン内の曲をiPhoneに取り込めます（Q.265参照）。

7 音楽&Apple Musicの便利技

[音楽] 6　6 Plus　6s　6s Plus　SE　7　7 Plus　8　8 Plus　X

Q » 236　音楽を再生したい

A　ホーム画面で♪をタップしましょう。

音楽をiPhoneで聴くには、ホーム画面で＜iTunes Store＞をタップし、まず任意の曲やアルバムを購入します。購入した曲は＜ミュージック＞アプリで聴くことができます。ホーム画面で♪→＜今はしない＞をタップし、聴きたいアーティスト名やアルバム名をタップして、一覧から任意の曲をタップすると、再生が開始されます。

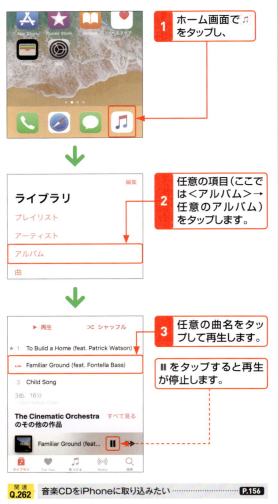

1. ホーム画面で♪をタップし、
2. 任意の項目（ここでは＜アルバム＞→任意のアルバム）をタップします。
3. 任意の曲名をタップして再生します。

‖をタップすると再生が停止します。

関連 Q.262　音楽CDをiPhoneに取り込みたい　P.156

[音楽] 6　6 Plus　6s　6s Plus　SE　7　7 Plus　8　8 Plus　X

Q » 237　イヤホンやヘッドフォンで音楽を聴きたい

A　専用のイヤホンを使いましょう。

iPhone 7／7 Plus／8／8 Plus／Xでは、ヘッドセットコネクタがなくなりました。イヤホンなどで音楽を聴く場合は、同梱されている専用のイヤホン「EarPods」をiPhoneのLightningコネクタに接続して使用しましょう。従来のイヤホンを使用したい場合は、同梱の「Lightning - 3.5mmヘッドフォンジャックアダプタ」で接続することもできます。なお、ワイヤレスで使用できるイヤホン「AirPods」が2016年10月下旬にAppleから発売されました。

それ以前のiPhoneでは、iPhoneの底部にあるヘッドセットコネクタに、イヤホンやヘッドフォンのコネクタを差し込んで音楽を聴きましょう。

iPhone 7／7 Plus／8／8 Plus／Xでは同梱されている「EarPods」をLightningコネクタに接続して使用します。

同梱の「Lightning - 3.5mmヘッドフォンジャックアダプタ」で、従来のイヤホンも接続できます。

[音楽]

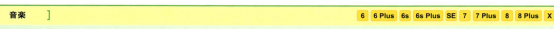

Q 238 お気に入りの曲を好きな順番で再生したい

 好きな曲を集めたプレイリストを作成しましょう。

プレイリストを作れば、好きな曲を好きな順番で再生することができます。ホーム画面から♫→＜ライブラリ＞をタップし、＜プレイリスト＞→＜新規プレイリスト＞をタップして、プレイリストのタイトルや説明を入力します。続いて、＜ミュージックを追加＞→＜曲＞をタップして、プレイリストに含めたい曲の右にある+をタップし、＜完了＞を2回タップすれば、新しいプレイリストが作成されます。なお、iPhoneでプレイリストを作成したあとにパソコンのiTunesに同期させると、iTunesにもプレイリストが作成されます。反対に、iTunesで作成したプレイリストをiPhoneに転送させることも可能です。

1 ホーム画面から♫→＜ライブラリ＞→＜プレイリスト＞→＜新規プレイリスト＞をタップし、

2 プレイリストのタイトルや説明を入力します。

3 ＜ミュージックを追加＞→＜曲＞をタップして、

4 プレイリストに含めたい曲名の右にある+をタップしてチェックを付けたら、

5 ＜完了＞→＜完了＞をタップします。

選択された曲は新しいプレイリストだけでなく、もともと保存されていたアルバムなどにも、引き続き表示されます。

6 新しいプレイリストが作成されます。

7 プレイリストをタップして表示すると、選択した曲が表示されます。

関連 Q.245 プレイリストを公開したい ……………… P.147

[音楽] 6 | 6 Plus | 6s | 6s Plus | SE | 7 | 7 Plus | 8 | 8 Plus | X

Q» 239 リピート再生やランダム再生は使えないの？

A 再生ヘッド下部のメニューをタップしましょう。

iPhoneの＜ミュージック＞アプリでは、同じ曲を聴き続けたり、曲順をランダムにしたりできます。再生画面で音量バー下の＜リピート＞をタップすると、🔁（リピートしない）、🔁（全曲リピート）、🔂（1曲リピート）に設定できます（なお🔁にすると、アルバム曲の場合は「アルバムリピート」、プレイリストの場合は「プレイリストリピート」になります）。🔂に設定すると、同じ曲がくり返し再生され、🔁に設定すると、アルバムやプレイリストの収録曲がくり返し再生されます。ランダム再生したいときは＜シャッフル＞をタップします。
なお、リピート再生やランダム再生は、ロック画面やコントロールセンターでは設定できません。

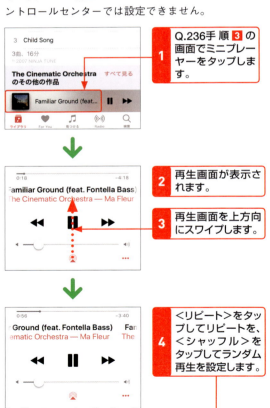

1 Q.236手順3の画面でミニプレーヤーをタップします。
2 再生画面が表示されます。
3 再生画面を上方向にスワイプします。
4 ＜リピート＞をタップしてリピートを、＜シャッフル＞をタップしてランダム再生を設定します。

[音楽] 6 | 6 Plus | 6s | 6s Plus | SE | 7 | 7 Plus | 8 | 8 Plus | X

Q» 240 曲を検索したい

A 検索フィールドにキーワードを入力しましょう。

iPhoneの＜ミュージック＞アプリに保存した曲数が多くなると、聴きたい音楽が探しづらくなってきます。そんなときは検索機能を活用しましょう。ホーム画面から🎵をタップしたあと、＜検索＞をタップします。＜ライブラリ＞をタップし、画面上部の検索フィールドに人名や曲名の一部を入力すれば、結果が一覧表示されます。アーティストや楽曲、アルバムの名前はもちろん、プレイリスト名なども検索することができるので便利です。

1 Q.236手順2の画面で＜検索＞をタップします。

2 検索フィールドをタップし、
3 ＜ライブラリ＞をタップして、
4 検索フィールドにキーワードを入力し、
5 ＜Search＞または＜検索＞をタップします。
6 検索結果が一覧表示されます。

[音楽] 6　6 Plus　6s　6s Plus　SE　7　7 Plus　8　8 Plus　X

Q»241 アルバムごとに曲を再生するには

A ＜ライブラリ＞で＜アルバム＞をタップします。

iPhoneの＜ミュージック＞アプリでは、好きなアルバムの曲だけを再生することができます。ホーム画面で♬をタップし、＜ライブラリ＞→＜アルバム＞をタップして、好きなアルバムを選択しましょう。＜再生＞をタップすると、選んだアルバムの曲だけが再生されます。

1 ホーム画面から♬→＜ライブラリ＞→＜アルバム＞→任意のアルバムをタップします。

2 ＜再生＞をタップすると、選択したアルバムの曲を再生できます。

関連 Q.242　ジャンルごとに曲を再生するには　P.145

[音楽] 6　6 Plus　6s　6s Plus　SE　7　7 Plus　8　8 Plus　X

Q»242 ジャンルごとに曲を再生するには

A ＜ライブラリ＞で＜ジャンル＞をタップします。

＜iTunes Store＞アプリで購入した曲には、あらかじめロックやポップ、ジャズ、クラシックといったジャンルの情報が記録されています。＜ミュージック＞アプリでジャンルごとに曲を再生したい場合は、ホーム画面で♬をタップして開き、＜ライブラリ＞→＜ジャンル＞をタップして、再生したいジャンルをタップしましょう。なお、＜ライブラリ＞に＜ジャンル＞の項目がない場合は、画面右上の＜編集＞をタップして、項目を追加しましょう。

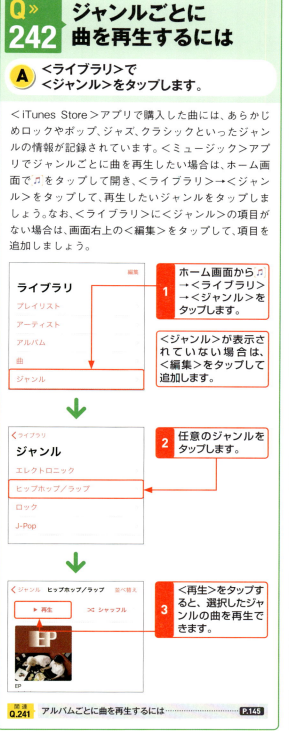

1 ホーム画面から♬→＜ライブラリ＞→＜ジャンル＞をタップします。

＜ジャンル＞が表示されていない場合は、＜編集＞をタップして追加します。

2 任意のジャンルをタップします。

3 ＜再生＞をタップすると、選択したジャンルの曲を再生できます。

関連 Q.241　アルバムごとに曲を再生するには　P.145

[音楽] 6 6 Plus 6s 6s Plus SE 7 7 Plus 8 8 Plus X

Q 243 再生中の曲を操作するには

A コントロールセンターから操作ができます。

iPhoneの＜ミュージック＞アプリでは、バックグラウンドでの再生が可能です。音楽を再生中に、ホーム画面やロック画面、アプリ画面から、曲の一時停止や次の曲、前の曲への移動、再生箇所の変更などを行うことができます。▶は再生、‖は一時停止、◀◀はタップで前の曲を再生／曲を先頭から再生、長押しで巻き戻し、▶▶はタップで次の曲、長押しで早送りができます。また、○を左右にドラッグすると、曲の再生位置を変更できます。

コントロールセンター

ホーム画面やアプリ画面下部を上方向にスワイプ（iPhone Xでは画面右上を下方向にスワイプ）すると、コントロールセンターが表示され、再生中の曲の操作ができます。
また、押し込んで曲名をタップすると、＜ミュージック＞アプリが開きます。

ロック画面

曲の再生中は、ロック画面にも再生コントロールが表示され、操作が可能です。

[音楽] 6 6 Plus 6s 6s Plus SE 7 7 Plus 8 8 Plus X

Q 244 曲を好みの音質に変えたい

A イコライザを設定しましょう。

イコライザを利用すれば、iPhoneに保存した音楽を好みの音質で聴くことができます。ホーム画面から＜設定＞→＜ミュージック＞をタップし、＜イコライザ＞をタップします。続いて＜Classical＞や＜Deep＞などの項目をタップし、＜ミュージック＞をタップすると、イコライザが設定されます。イコライザ設定後はバッテリーの消耗が早まるので、必要に応じてオンとオフを切り替えましょう。

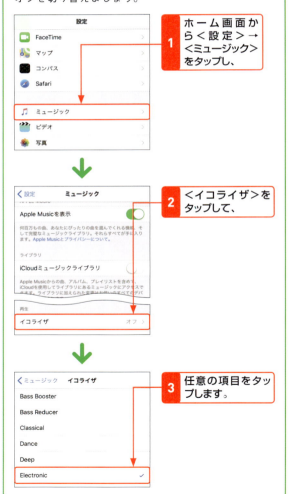

1 ホーム画面から＜設定＞→＜ミュージック＞をタップし、

2 ＜イコライザ＞をタップして、

3 任意の項目をタップします。

[音楽] 6 6 Plus 6s 6s Plus SE 7 7 Plus 8 8 Plus X

Q 245 プレイリストを公開したい

A ＜For You＞から設定します。

＜ミュージック＞アプリでは、作成したプレイリストをApple Musicに公開し、ほかのユーザーと共有することができます。ホーム画面で♪→＜For You＞→ をタップして、＜友達との共有を始める＞をタップします。プロフィールを設定してプレイリストを公開しましょう。なお、公開範囲は、＜すべてのユーザ＞または＜選択したユーザ＞の2つから選択できます。

1 ホーム画面から♪→＜For You＞→ をタップします。

この機能を利用するには、Apple Musicのメンバーシップ登録が必要です（Q.249参照）。

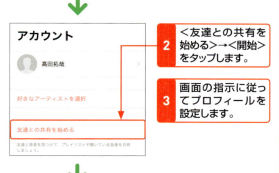

2 ＜友達との共有を始める＞→＜開始＞をタップします。

3 画面の指示に従ってプロフィールを設定します。

4 設定が完了すると、プレイリストが公開されます。

関連 Q.238 お気に入りの曲を好きな順番で再生したい ……… P.143

[音楽] 6 6 Plus 6s 6s Plus SE 7 7 Plus 8 8 Plus X

Q 246 取り込んだ曲を削除したい

A …→＜削除＞をタップします。

取り込んだ曲を削除したいときは、曲の再生画面を表示し、…→＜削除＞をタップします。ライブラリから削除する場合は＜ライブラリから削除＞、ダウンロードした曲をiPhoneから削除する場合は＜ダウンロードを削除＞をタップします。ただし、iTunesとiPhoneを同期すると、削除した曲がもとに戻ってしまうので、その際は同期条件を指定して同期しましょう。

1 Q.236手順3の画面でミニプレーヤーをタップし、…をタップします。

曲名を押し込み、＜削除＞をタップすることでも削除できます。

2 ＜削除＞をタップします。

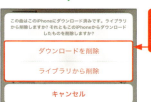

3 削除方法をタップして、曲を削除します。

関連 Q.265 iTunesとiPhoneを同期するには ……… P.157

[音楽]　　　6　6 Plus　6s　6s Plus　SE　7　7 Plus　8　8 Plus　X

Q» 247 曲ごとの音量をそろえたい

A <設定>アプリの「音量の自動調整」を設定しましょう。

音楽は曲によって音の大きさが異なりますが、<ミュージック>アプリでは、再生する曲ごとの音量のばらつきをそろえることができます。ホーム画面から<設定>→<ミュージック>をタップし、<音量を自動調整>の ◯ をタップしてオンにすると、曲ごとの音量をそろえることができます。

1 ホーム画面から<設定>→<ミュージック>をタップし、

2 <音量を自動調整>の ◯ をタップしてオンにします。

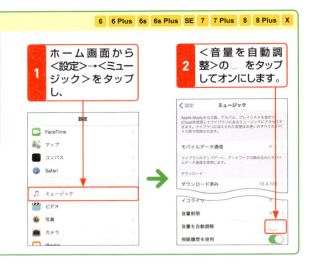

[AirPlay]　　　6　6 Plus　6s　6s Plus　SE　7　7 Plus　8　8 Plus　X

Q» 248 AirPlayって何?

A iPhone内のコンテンツをほかの機器で再生する機能です。

AirPlayは、iPhoneやパソコンのiTunes、iPadに保存されている音楽や動画、写真などのコンテンツを、対応デバイスでストリーミング再生できる機能です。たとえば、AirPlay対応のスピーカーがあれば、Bluetoothや無線LANを介してiPhoneとスピーカーを接続し、音楽を再生することができます。ここでは、AirPlay対応デスクトップスピーカーで、AirPlayを利用する手順を紹介します。

1 ホーム画面で<設定>→<Wi-Fi>をタップします。

2 設定をオンにして、検出されたデバイスをタップし、スピーカーとiPhoneをペアリングします。

3 画面を下から上方向にスワイプ(iPhone Xでは画面右上を下方向にスワイプ)してコントロールセンターを表示し、「ミュージック」の右上に表示されているをタップしたら、

4 利用可能デバイスのリストから、ペアリングしたデバイスをタップして選択すると、音楽がスピーカーで再生されます。

[Apple Music] 6 6 Plus 6s 6s Plus SE 7 7 Plus 8 8 Plus X

Q 249 Apple Musicを利用したい

A Apple Musicのメンバーシップに登録します。

Apple Musicを利用するには、メンバーシップに登録する必要があります。メンバーシップは、個人が月額980円、ファミリーが月額1,480円、学生が月額480円で、利用解除の設定を行わない限り、毎月自動で更新されます。メンバーシップに登録すると、＜iTunes Store＞アプリで販売しているさまざまな曲とミュージックビデオを自由に視聴できるほか、ミュージックエディターのおすすめを確認したり、ラジオを聴いたりすることもできます。また、ファミリープランでは、家族6人まで好きなときに好きな場所で、それぞれのデバイス上からApple Musicを利用できます。

1 ホーム画面で♪をタップし、＜For You＞をタップします。

2 ＜今すぐ開始＞をタップします。

3 Apple Musicには、「個人」「ファミリー」「学生」の3種類のプランが用意されています。ここでは、＜個人＞→＜トライアルを開始＞をタップします。

4 Apple IDの認証画面が表示されたら、Apple IDのパスワードを入力して、＜OK＞をタップします。

関連 Q.256 Apple Musicを解約したい ………… P.152

[Apple Music] 6 6 Plus 6s 6s Plus SE 7 7 Plus 8 8 Plus X

Q 250 Apple Musicはオフラインでも使える？

A 曲をiPhoneにダウンロードすれば、聴くことができます。

Apple Musicの曲は通常はストリーミング再生のため、ネットワークに接続していないときには聴くことができません。しかし、事前にiPhoneにダウンロードしておけば、オフラインでも聴くことができます。

1 ＜For You＞などからオフラインで聴きたいアルバムをタップします。

2 ●●●をタップします。

3 ＜ライブラリに追加＞をタップします。

4 ⬇をタップしてダウンロードします。

曲名の⬇をタップすると、その曲だけダウンロードできます。

5 ＜ライブラリ＞をタップすると、ダウンロードしたアルバムが確認できます。

7 音楽&Apple Musicの便利技

[Apple Music]　6　6 Plus　6s　6s Plus　SE　7　7 Plus　8　8 Plus　X

Q»251 Apple Musicで最新の曲を聴きたい

 A <見つける>をタップします。

iPhoneの<ミュージック>アプリでは、新着ミュージックや話題のプレイリスト、ランキング情報やジャンルなど、最新の情報を確認できます。ホーム画面で♪をタップし、<見つける>をタップして、好みの音楽を探しましょう。

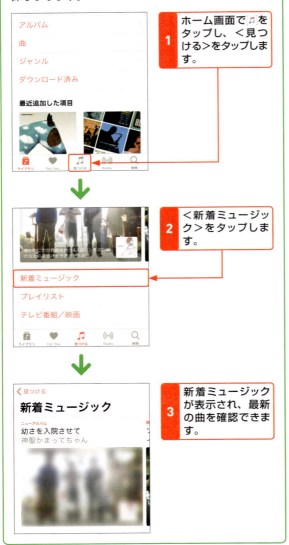

1 ホーム画面で♪をタップし、<見つける>をタップします。

2 <新着ミュージック>をタップします。

3 新着ミュージックが表示され、最新の曲を確認できます。

[Apple Music]　6　6 Plus　6s　6s Plus　SE　7　7 Plus　8　8 Plus　X

Q»252 好きなアーティストの曲を表示するには

A <検索>をタップして好きなアーティストを検索します。

Apple Musicで好きなアーティストの曲を表示したいときは、<検索>をタップして、好きなアーティストを検索しましょう。トップソングや最近のリリース、アルバムやプレイリストなどを確認でき、曲をライブラリに追加したり、ダウンロードしたりすることができます。

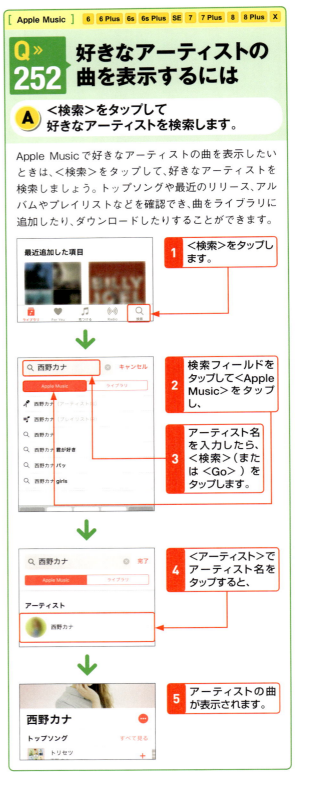

1 <検索>をタップします。

2 検索フィールドをタップして<Apple Music>をタップし、

3 アーティスト名を入力したら、<検索>（または<Go>）をタップします。

4 <アーティスト>でアーティスト名をタップすると、

5 アーティストの曲が表示されます。

150

[Apple Music]　6　6 Plus　6s　6s Plus　SE　7　7 Plus　8　8 Plus　X

Q253 Apple Musicに歌詞を表示するには

A 再生中の曲の＜歌詞＞の＜表示＞をタップします。

Apple Musicでは、再生中の曲の歌詞を表示させることができます。ミニプレーヤーをタップして曲の再生画面を表示し、＜歌詞＞の＜表示＞をタップします。歌詞を非表示にしたい場合は、＜非表示＞をタップしましょう。

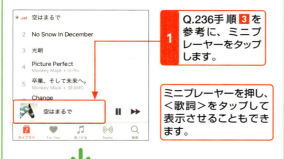

1 Q.236手順3を参考に、ミニプレーヤーをタップします。

ミニプレーヤーを押し、＜歌詞＞をタップして表示させることもできます。

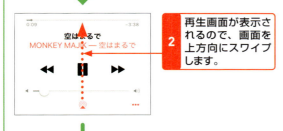

2 再生画面が表示されるので、画面を上方向にスワイプします。

3 ＜表示＞をタップします。

4 歌詞が表示されます。＜非表示＞をタップすると、歌詞が閉じます。

[Apple Music]　6　6 Plus　6s　6s Plus　SE　7　7 Plus　8　8 Plus　X

Q254 曲やアルバムを登録したい

A 曲やアルバムの＋をタップします。

ライブラリに曲を追加しておけば、パソコンなどのライブラリと同期され、さまざまなデバイスで共有することができます。登録したい曲やアルバムの＋をタップすると、ライブラリに追加されます。

1 ライブラリに追加したい曲の＋をタップすると、

アルバムジャケット横の＜追加＞をタップすると、アルバム内の曲がすべてライブラリに追加されます。

2 ライブラリに追加されます。

初回は＜自動的にダウンロード＞をタップします。

3 画面下部の＜ライブラリ＞をタップすると、＜最近追加した項目＞に手順1で追加した曲が表示されていることを確認できます。

関連 Q.250　Apple Musicはオフラインでも使える？ ……… P.149

[Apple Music] 6 6 Plus 6s 6s Plus SE 7 7 Plus 8 8 Plus X

Q 255 ストリーミングでラジオを聴きたい

A 優れた音楽を配信する「Beats 1」を聴くことができます。

Apple Musicでは、ラジオを聴くこともできます。Apple Musicで聴けるラジオステーション「Beats 1」は、人気DJのZane Lowe氏が選んだトップDJたちがセレクトした優れた音楽を24時間オンエアしています。ほかにもJ-Pop、ディスコ・サウンド、クラシックなどジャンルごとにさまざまなステーションが用意されています。いままで知らなかった音楽との出会いを楽しみましょう。

ラジオを聴くには＜ミュージック＞アプリを起動し、＜Radio＞をタップします。

さまざまなジャンルの専門ステーションが用意されています。

[Apple Music] 6 6 Plus 6s 6s Plus SE 7 7 Plus 8 8 Plus X

Q 256 Apple Musicを解約したい

A ＜ミュージック＞アプリで自動更新をオフにします。

Apple Musicは自動更新されるため、無料トライアル終了後も、そのままだと継続的に課金されてしまいます。Apple Musicを解約するには、＜ミュージック＞アプリから手動で登録をキャンセルする必要があります。

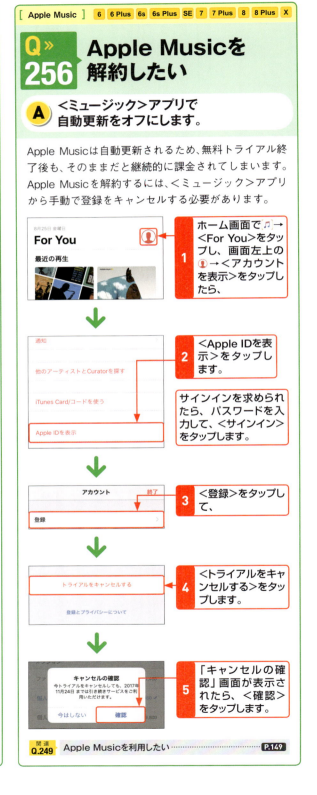

1 ホーム画面で♫→＜For You＞をタップし、画面左上の👤→＜アカウントを表示＞をタップしたら、

2 ＜Apple IDを表示＞をタップします。

サインインを求められたら、パスワードを入力して、＜サインイン＞をタップします。

3 ＜登録＞をタップして、

4 ＜トライアルをキャンセルする＞をタップします。

5 「キャンセルの確認」画面が表示されたら、＜確認＞をタップします。

関連 Q.249 Apple Musicを利用したい ……………… P.149

[iTunes]　6　6 Plus　6s　6s Plus　SE　7　7 Plus　8　8 Plus　X

Q.257 iTunesカードの料金を追加したい

A　iTunesカードに記載されたコードを入力します。

App StoreやiTunes Storeからアプリや音楽を購入する際は、Apple IDに登録したクレジットカードから料金を支払います。もしクレジットカードを使いたくない場合は、iTunesカードで代用することも可能です。iTunesカードはコンビニなどで手に入るiTunes専用のプリペイドカードで、カードに書かれたコードを入力することで記載された金額をApple IDに追加できます。手順は以下の通りです。ギフトカードとして友人に贈ることもでき、金額は1,500円、3,000円、5,000円、10,000円の4種類のほか、1,000円分のカードが3枚同梱されたマルチパックも用意されています。裏面のラベルをはがして、記載されているコードを入力します。

1　ホーム画面から＜iTunes Store＞をタップし、

2　＜ミュージック＞＜映画＞＜着信音＞のいずれかをタップし、画面下部の＜サインイン＞→＜既存のApple IDを使用＞をタップします。

3　Apple IDとパスワードを入力して＜サインイン＞をタップしたあと、＜コードを使う＞をタップし、

再度パスワードを求められたら、パスワードを入力し、＜サインイン＞をタップします。

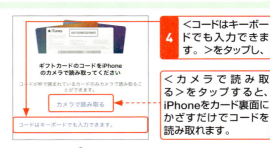

4　＜コードはキーボードでも入力できます。＞をタップし、

＜カメラで読み取る＞をタップすると、iPhoneをカード裏面にかざすだけでコードを読み取れます。

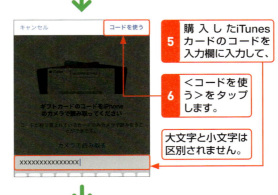

5　購入したiTunesカードのコードを入力欄に入力して、

6　＜コードを使う＞をタップします。

大文字と小文字は区別されません。

7　＜完了＞をタップします。

続けて別のカードのコードを入力するには、＜別のコードを使う＞をタップします。

「Apple ID」に料金が追加されていることが確認できます。

| 関連 Q.358 | Apple IDを作りたい | P.206 |
| 関連 Q.258 | 友人にiTunesギフトを贈りたい | P.154 |

7 音楽&Apple Musicの便利技

[iTunes] 6 6 Plus 6s 6s Plus SE 7 7 Plus 8 8 Plus X

Q»258 友人にiTunesギフトを贈りたい

A <iTunes Store>アプリから贈ることができます。

直接、友人に手渡しでiTunesカードをプレゼントするのもよいですが、メールを介してiTunesギフトを贈ることもできます。<iTunes Store>アプリからメッセージや金額、添付するギフト画像のテーマデザインなどを設定します。なお、Apple IDの支払い情報をクレジットカードに設定していないと、このサービスは利用することができません。

1 Q.257手順3の画面で<ギフトを贈る>をタップします。

2 送信先のメールアドレスやメッセージを入力し、金額をタップして、<次へ>をタップします。

3 テーマデザインを選択して<次へ>をタップします。

4 内容に間違いがないかを確認して<購入>をタップし、Apple IDのパスワードを入力して完了です。

関連 Q.361 登録した支払い情報や個人情報を変更したい ……… P.209

[iTunes] 6 6 Plus 6s 6s Plus SE 7 7 Plus 8 8 Plus X

Q»259 映画をレンタルしたい

A <iTunes Store>アプリで<映画>をタップします。

<iTunes Store>アプリでは、映画をレンタルすることができます。レンタルした映画の視聴期限は30日間ですが、一度映画を再生すると、48時間以内に視聴する必要があります。48時間の間であれば、何度でも視聴が可能です。映画をレンタルするためには、ホーム画面で<iTunes Store>をタップして開き、<映画>をタップして、レンタルしたい映画を選択します。なお、「レンタル」ボタンがない場合には、レンタルはできません。

1 ホーム画面で<iTunes Store>→<映画>をタップし、レンタルしたい映画の<¥○○ レンタル>をタップしたら、画面の指示に従って購入手続きを行います。

2 ダウンロード完了後、ホーム画面で<ビデオ>をタップすると、レンタルした映画が表示されていることを確認できます。

レンタルした映画をタップして再生すると、2日間で有効期限が切れます。

[iTunes]　6　6 Plus　6s　6s Plus　SE　7　7 Plus　8　8 Plus　X

Q260 パソコンにiTunesをインストールしたい

 A AppleのWebサイトからダウンロードします。

MacにはiTunesが始めからインストールされています。Windowsの場合はAppleのWebサイト（https://www.apple.com/jp/itunes/download/）からダウンロードして、パソコンにインストールします。
iTunesは、デスクトップ上にあるアイコンをダブルクリックすると起動します。Macの場合は、Dock内のiTunesアイコンから、Windowsの場合はスタートボタンやスタート画面からも起動可能です。パソコンからの操作が面倒なときはiPhoneを接続しましょう。接続すると、iTunesが自動的に起動します。

1 ダウンロードしたインストーラーをダブルクリックして起動し、＜次へ＞をクリックします。

2 画面の指示に従って、インストールします。

[iTunes]　6　6 Plus　6s　6s Plus　SE　7　7 Plus　8　8 Plus　X

Q261 パソコンのiTunesにiPhoneを登録したい

 A iPhoneをパソコンに接続しましょう。

付属のLightning-USBケーブルを使って、iPhoneをパソコンに接続すると、iTunesが自動的に起動します。初めて利用する際は、「ようこそ」画面が表示されるので、＜同意します＞をクリックしましょう。登録完了後、連絡先やカレンダー、楽曲などをパソコンと同期させることができます。

1 iPhoneをパソコンに接続すると、iTunesが自動的に起動します。「ようこそ」画面が表示されるので、＜同意します＞をクリックします。

2 をクリックしてiPhoneの名前を入力し、

3 データのバックアップ先を選択したあと、

4 ＜同期＞をクリックします。

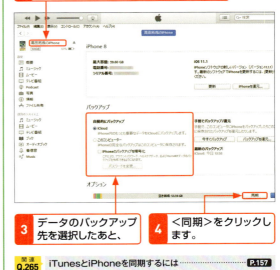

関連 Q.265　iTunesとiPhoneを同期するには　……………… P.157

[iTunes] 6 6 Plus 6s 6s Plus SE 7 7 Plus 8 8 Plus X

Q»262 音楽CDをiPhoneに取り込みたい

A iTunesに曲を保存したあと、iPhoneに同期させます。

iTunesを活用すれば、市販されているCDの曲をiPhoneに転送できます。iTunesを起動したあと、パソコンにCDを挿入しましょう。インポートの確認画面で＜はい＞か、画面右上の＜インポート＞をクリックすると、「ミュージック」に曲が保存されます。iPhoneをLightning-USBケーブル（DockコネクタUSBケーブル）でパソコンにつなぎ、画面左上の▯をクリックして、画面左のメニューから＜ミュージック＞をクリックします。＜ミュージックを同期＞をオンにし、同期条件をクリックして選択し、＜適用＞をクリックすれば完了です。
iPhoneに取り込んだ曲は、ホーム画面で♪をタップして聴くことができます。

1 iTunes起動後にCDを挿入し、インポート確認画面で＜はい＞か、＜インポート＞をクリックして曲を取り込みます。

2 iPhoneをパソコンにつないで、▯→＜ミュージック＞をクリックし、

3 ＜ミュージックを同期＞をオンにして同期条件を指定し、

4 ＜適用＞をクリックします。

[iTunes] 6 6 Plus 6s 6s Plus SE 7 7 Plus 8 8 Plus X

Q»263 パソコン内の音楽をiTunesに取り込みたい

A iTunesにファイルまたはフォルダをドラッグします。

パソコン内に音楽ファイルがある場合は、iTunes内にファイルまたはフォルダをドラッグすれば、かんたんにインポートすることができます。
なお、iTunesを起動して、＜ファイル＞→＜フォルダーをライブラリに追加＞をクリックし、ファイルまたはフォルダを選択して、＜フォルダーを選択＞をクリックすることでもインポートが可能です。

1 iTunes起動後、インポートしたいファイルまたはフォルダをiTunesにドラッグ＆ドロップします。

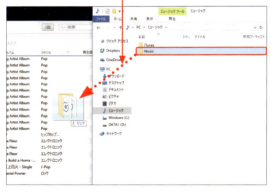

2 ファイルがインポートされるので、iPhoneをパソコンにつなぎ、同期しましょう。

関連 Q.262 音楽CDをiPhoneに取り込みたい ……… P.156

[iTunes]　6　6 Plus　6s　6s Plus　SE　7　7 Plus　8　8 Plus　X

Q» 264　パソコンのiTunesで曲を購入したい

A　<ストア>から購入します。

iTunesでは、パソコンからでも曲を購入することができます。iTunesを起動後、<ストア>をクリックして、購入したい曲の金額部分をクリックしましょう。Apple IDとパスワードの入力が求められるので、画面の指示に従って進めていきます。
なお、曲の購入にはあらかじめ支払い方法を設定しておく必要があります。

1 iTunes起動後、<iTunes Storeに移動>または<ストア>をクリックします。

2 購入したい曲の金額部分をクリックします。

3 Apple IDとパスワードを入力したら、ポップアップが表示されるので、<購入する>をクリックします。

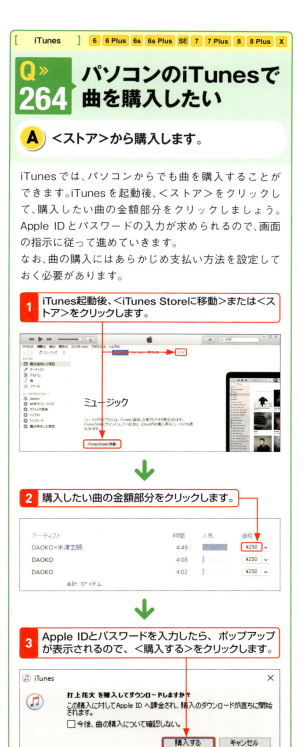

関連 Q.361　登録した支払い情報や個人情報を変更したい ………… P.209

[iTunes]　6　6 Plus　6s　6s Plus　SE　7　7 Plus　8　8 Plus　X

Q» 265　iTunesとiPhoneを同期するには

A　□→<概要>をクリックします。

iTunesとiPhoneを同期したいときは、iTunesを起動後、□→<概要>→<同期>をクリックします。パソコン内の曲をインポートした際などに同期すれば、iPhoneの<ミュージック>アプリにも追加されます。
なお、iPhoneをパソコンにつないだときにiTunesに自動的に同期させることも可能です。

1 iPhoneをパソコンにつないだ状態でiTunesを起動し、□をクリックします。

2 <概要>をクリックし、

3 <同期>をクリックします。

iTunesとiPhoneを自動的に同期したいときは、手順**2**の画面で、画面を下方向にスクロールし、<このiPhoneを接続しているときに自動的に同期>にチェックを付け、<適用>をクリックします。

157

[自動ダウンロード]　6　6 Plus　6s　6s Plus　SE　7　7 Plus　8　8 Plus　X

Q» 266 映画や音楽を自動でダウンロードしたい

A 同じApple IDを設定し、iTunesで自動ダウンロードを有効にします。

自動ダウンロードは、あるiOSデバイスで購入したコンテンツを、同じApple IDを設定しているほかのデバイスに自動的にダウンロードしてくれる機能です。パソコンで自動ダウンロードを有効にすると、iPhoneで新規に購入した音楽や映画などのコンテンツが、パソコンにも自動的にダウンロードされます。
パソコンの自動ダウンロードの設定は、iTunesから行います。なお、自動ダウンロードができない場合は、コンピュータの認証（Q.267参照）を試してみましょう。

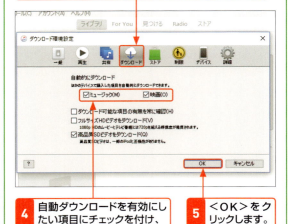

[自動ダウンロード]　6　6 Plus　6s　6s Plus　SE　7　7 Plus　8　8 Plus　X

Q» 267 「コンピュータを認証」って何？

A デバイス間で音楽や映画のデータを共有するための作業です。

＜iTunes Store＞アプリで購入した音楽や映画などを別のiPadやパソコンで見たい場合、コンピュータの認証が必要になります。認証は1つのApple IDにつき5台のデバイスまで可能です。また、自動ダウンロード（Q.266参照）の設定にも、コンピュータの認証が必要になります。
設定方法は、パソコンからiTunesを起動して、＜アカウント＞→＜認証＞→＜このコンピューターを認証＞をクリックします。Apple IDとパスワードを入力して、＜認証＞→＜OK＞をクリックすることで、コンピュータを認証させることができます。認証を解除したい場合は、＜アカウント＞→＜認証＞→＜このコンピューターの認証を解除＞をクリックします。

第8章

標準アプリを使いこなす便利技

268 >>> 276	マップ
277 >>> 286	カレンダー
287 >>> 289	リマインダー
290 >>> 294	FaceTime
295 >>> 299	時計・ボイスメモ・計算機
300 >>> 301	メモ
302 >>> 304	ヘルスケア
305 >>> 307	Siri
308	iBooks

[マップ] 6　6 Plus　6s　6s Plus　SE　7　7 Plus　8　8 Plus　X

Q 268 マップで現在位置を確認したい

A をタップします。

iPhoneの＜マップ＞アプリは、Apple独自の地図が表示されます。＜マップ＞アプリを起動してをタップすれば、現在位置の周辺地図が表示されます。地図上の現在位置は、●で確認することができます。自分が移動すれば、それに従って●も移動します。

1 ホーム画面で＜マップ＞をタップして、

2 をタップします。

画面をドラッグすると、マップの表示を上下左右に移動させることができます。

3 現在位置の周辺地図が表示され、自分がいる場所に●が表示されます。

関連 Q.270　マップでルート検索をしたい ……………… P.161

[マップ] 6　6 Plus　6s　6s Plus　SE　7　7 Plus　8　8 Plus　X

Q 269 マップで目的地をすばやく表示したい

A 目的地の名称や住所を入力して検索します。

＜マップ＞アプリを起動して、検索フィールドをタップすると、検索画面が開きます。検索したい目的地の名称や住所を入力して＜検索＞をタップすれば、目的地が表示されます。また、目的地をタップして、目的地の詳細な情報を確認することも可能です。

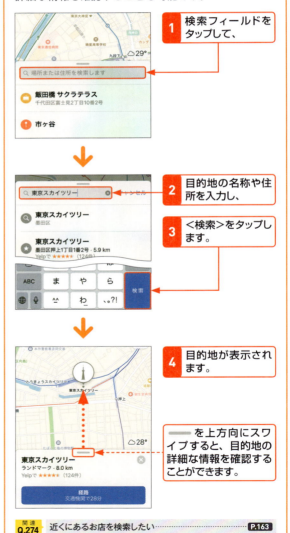

1 検索フィールドをタップして、

2 目的地の名称や住所を入力し、

3 ＜検索＞をタップします。

4 目的地が表示されます。

━━を上方向にスワイプすると、目的地の詳細な情報を確認することができます。

関連 Q.274　近くにあるお店を検索したい ……………… P.163

[マップ] 6 6 Plus 6s 6s Plus SE 7 7 Plus 8 8 Plus X

Q 270 マップで ルート検索をしたい

A 経路検索メニューを利用しましょう。

目的地を検索して、＜経路＞をタップすれば、現在位置からの経路を検索することができます。出発地点は変更することができるので、現在位置以外からの経路検索も可能です。

1 Q.269を参考に目的地を検索します。

2 ＜経路＞をタップします。

3 到着地点までの経路が地図上に表示されます。

4 ＜出発＞をタップします。

5 ルートガイドが実行されます。

[マップ] 6 6 Plus 6s 6s Plus SE 7 7 Plus 8 8 Plus X

Q 271 よく行く場所を マップに登録したい

A ＜よく使う項目＞に登録します。

よく行く場所を＜マップ＞アプリの＜よく使う項目＞に登録しておくと、すぐに目的地を検索できるようになります。＜よく使う項目＞に登録するには、まず目的地を検索します。画面を上方向にスワイプし、＜よく使う項目に追加＞をタップします。

1 Q.269を参考に目的地を検索して地図を表示し、

2 ━━ を上方向にスワイプしたら、

3 ＜追加＞をタップします。

4 目的地が＜よく使う項目＞に登録されました。

登録した項目は、経路を表示していない状態で、メニューの ━━ を上方向にスワイプして、＜よく使う項目＞をタップすると表示できます。

161

8 標準アプリを使いこなす便利技

[マップ] 6 6 Plus 6s 6s Plus SE 7 7 Plus 8 8 Plus X

Q.272 自宅や職場への経路をすばやく表示したい

A 場所を「マーク」します。

自宅や職場といった、頻繁に行く場所を「マーク」しておけば、<マップ>アプリを起動してすぐに経路を表示することができます。ここでは、現在地をマークする方法を解説します。

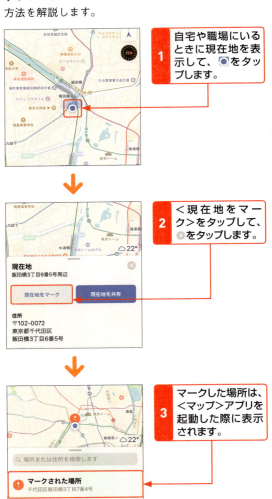

1 自宅や職場にいるときに現在地を表示して、◉をタップします。

2 <現在地をマーク>をタップして、をタップします。

3 マークした場所は、<マップ>アプリを起動した際に表示されます。

関連 Q.269 マップで目的地をすばやく表示したい ……… P.160

[マップ] 6 6 Plus 6s 6s Plus SE 7 7 Plus 8 8 Plus X

Q.273 経路や目的地を共有したい

A <共有>をタップします。

経路や目的地を検索したあと、それをほかの人に共有したい場合もあるでしょう。Q.269やQ.270を参考に経路や目的地を検索したら、詳細を上方向にスワイプします。<共有>をタップして共有方法を選択すると、経路や目的地を共有することができます。

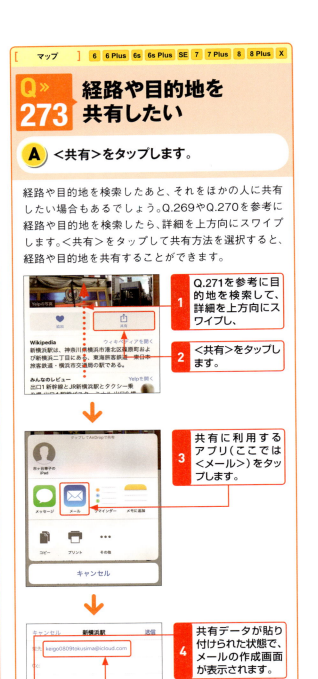

1 Q.271を参考に目的地を検索して、詳細を上方向にスワイプし、

2 <共有>をタップします。

3 共有に利用するアプリ（ここでは<メール>）をタップします。

4 共有データが貼り付けられた状態で、メールの作成画面が表示されます。

5 共有したい相手の宛先を入力して送信します。

関連 Q.270 マップでルート検索をしたい ……… P.161

162

[マップ]

Q.274 近くにあるお店を検索したい

 検索フィールドをタップして、お店のジャンルをタップします。

<マップ>アプリを起動して検索フィールドをタップすると、<食べ物＆飲み物>や<遊ぶ>などのジャンルが表示されます。探したいお店のジャンルをタップすると、現在地周辺で選択したジャンルに該当するお店が一覧表示されます。

1 検索フィールドをタップして、お店のジャンルをタップします。

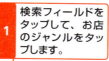

2 近くにあるお店の一覧が表示されます。タップすると、お店の詳細を確認できます。

関連 Q.269　マップで目的地をすばやく表示したい …… P.160

[マップ]

Q.275 ナビゲーションを実行するには

 経路を検索して、<出発>をタップします。

Q.270の方法でルート検索をしたあとで、<車>をタップし、<出発>をタップすると、音声でナビゲーションしてくれます。なお、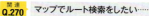を上方向にスワイプして、<詳細>をタップすると、目的地までの右折／左折の順序を確認できます。

1 Q.270を参考にルート検索をし、<車>をタップして、

2 <出発>をタップします。

3 音声でのナビゲーションが開始します。

関連 Q.270　マップでルート検索をしたい …… P.161

[マップ]

Q.276 地図を表示した場所の天気を確認したい

 一定以上の拡大率であれば、画面の右側に表示されます。

<マップ>アプリでは、現在地や目的地を表示している最中、常に画面の右側にその場所の天気が表示されます。ドラッグして表示位置を変更したり、目的地を変更したりすると、表示されている場所に合わせて天気も変わります。ただし、地図の拡大率が一定以上でないと、天気は表示されません。

一定以上の拡大率で表示すれば、天気が表示されます。

拡大率が低いと、天気が表示されません。

標準アプリを使いこなす便利技

[カレンダー] 6 6 Plus 6s 6s Plus SE 7 7 Plus 8 8 Plus X

Q277 カレンダーに予定を作成したい

A ＋をタップして予定を作成します。

カレンダーに新規予定を追加するには、＜カレンダー＞アプリを起動して＋をタップします。タイトル欄にイベント名、場所欄にイベントに関連した場所などを入力し、日時を選択後、設定をすべて終えたら＜追加＞をタップします。入力した項目が新規予定としてカレンダーに追加されます。

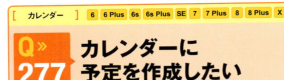

1 ホーム画面で＜カレンダー＞をタップして、

2 ＋をタップし、

3 ＜タイトル＞＜場所＞＜日時＞などを入力して、

4 ＜追加＞をタップすると、

5 カレンダーに予定が追加されます。

関連 Q.278 終日イベントを作成したい ……… P.164

[カレンダー] 6 6 Plus 6s 6s Plus SE 7 7 Plus 8 8 Plus X

Q278 終日イベントを作成したい

A 新規または編集画面で＜終日＞を有効にします。

イベントを終日イベントとして設定したい場合は、イベント作成時に、＜終日＞の○をタップして●にします。

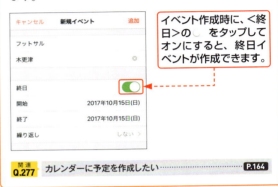

イベント作成時に、＜終日＞の○をタップしてオンにすると、終日イベントが作成できます。

関連 Q.277 カレンダーに予定を作成したい ……… P.164

[カレンダー] 6 6 Plus 6s 6s Plus SE 7 7 Plus 8 8 Plus X

Q279 繰り返しの予定を設定したい

A 新規または編集画面で繰り返しを設定できます。

毎日／毎週繰り返すイベントを設定したい場合は、「新規イベント」または「イベントを編集」画面で＜繰り返し＞をタップし、毎日／毎週／隔週／毎月／毎年の中から繰り返し方法を選びます。

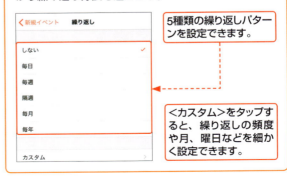

5種類の繰り返しパターンを設定できます。

＜カスタム＞をタップすると、繰り返しの頻度や月、曜日などを細かく設定できます。

[カレンダー] 6 6 Plus 6s 6s Plus SE 7 7 Plus 8 8 Plus X

Q.280 イベントの出席者に案内メールを出したい

A 新規または編集画面から出席者を追加できます。

＜カレンダー＞アプリではカレンダーに登録したイベントに出席する出席者を追加して、情報を共有することができます。出席者の追加は、「新規イベント」または「イベントを編集」画面から行います。出席者として追加されたユーザーには、メールで出席依頼が送られます。なお、この機能を利用するには、iCloudでカレンダーを有効にしておく必要があります。

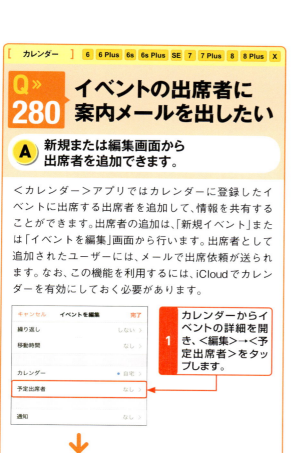

1 カレンダーからイベントの詳細を開き、＜編集＞→＜予定出席者＞をタップします。

2 ＜宛先＞の⊕をタップして、ユーザーを連絡先から追加します。

3 入力が完了したら＜完了＞をタップすると、

4 イベントに、予定出席者が追加されます。

| 関連 Q.281 | イベントの出席依頼がきたらどうする？ | P.165 |
| 関連 Q.342 | 必要な項目だけを同期したい | P.196 |

[カレンダー] 6 6 Plus 6s 6s Plus SE 7 7 Plus 8 8 Plus X

Q.281 イベントの出席依頼がきたらどうする？

A ＜カレンダー＞アプリから出席するかどうか選択します。

イベント出席者として追加されたユーザーには、＜カレンダー＞アプリに通知が届きます。もし自分に届いた場合は、自分の出席に関して返信しましょう。出席するかどうかは相手に通知されるので、早めに返事をしておきましょう。

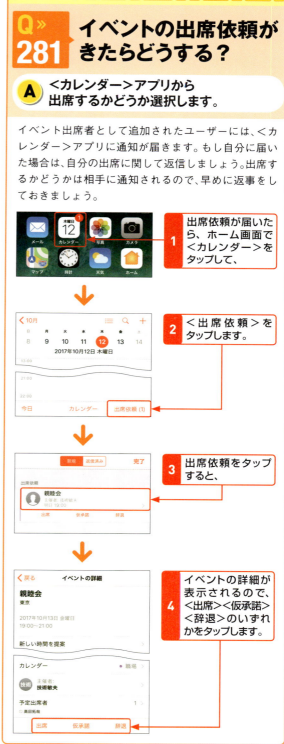

1 出席依頼が届いたら、ホーム画面で＜カレンダー＞をタップして、

2 ＜出席依頼＞をタップします。

3 出席依頼をタップすると、

4 イベントの詳細が表示されるので、＜出席＞＜仮承諾＞＜辞退＞のいずれかをタップします。

165

[カレンダー] 6 6 Plus 6s 6s Plus SE 7 7 Plus 8 8 Plus X

Q 282 カレンダーを和暦で表示したい

 設定の「言語と地域」から変更できます。

カレンダーは通常西暦で表示されていますが、表示を「平成〇〇年」のように和暦で表示することも可能です。ホーム画面で＜設定＞をタップし、＜一般＞→＜言語と地域＞をタップして、＜暦法＞をタップしたら、＜和暦＞をタップすると、表示が和暦に変更されます。なお、＜写真＞アプリなどの表示も、西暦でなく、和暦で表示されるようになります。

1 ホーム画面で＜設定＞をタップして＜一般＞→＜言語と地域＞をタップし、

2 ＜暦法＞をタップして、

3 ＜和暦＞をタップすると、表示が変更されます。

[カレンダー] 6 6 Plus 6s 6s Plus SE 7 7 Plus 8 8 Plus X

Q 283 オリジナルの祝日は設定できる？

A オリジナルの祝日を設定することはできません。

iPhoneの＜カレンダー＞アプリでは、オリジナルの祝日を設定することはできません。しかしながら、終日のイベントを作成し、＜繰り返し＞や＜通知＞、＜メモ＞など詳細を設定することで、祝日風にアレンジすることはできます。

Q.277を参考に、祝日風のイベントを作るのがよいでしょう。

[カレンダー] 6 6 Plus 6s 6s Plus SE 7 7 Plus 8 8 Plus X

Q 284 新しいカレンダーを追加したい

A カレンダー編集画面から新しいカレンダーを追加できます。

iPhoneの＜カレンダー＞アプリは、用途に応じたカレンダーを新たに作成することができます。名前や色を任意で設定して作成すると、新しいカレンダーが「カレンダー」画面に表示されます。

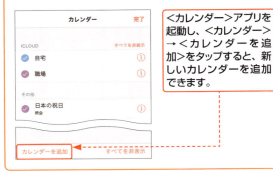

＜カレンダー＞アプリを起動し、＜カレンダー＞→＜カレンダーを追加＞をタップすると、新しいカレンダーを追加できます。

[カレンダー]　6　6 Plus　6s　6s Plus　SE　7　7 Plus　8　8 Plus　X

Q285 カレンダーとGoogleカレンダーを同期したい

A Gmailアカウントから同期させることができます。

Gmailアカウントを利用すれば、GoogleカレンダーとiPhoneの＜カレンダー＞アプリを同期できます。パソコンからでもiPhoneからでも、予定の作成や変更などができるので便利です。＜設定＞→＜アカウントとパスワード＞→＜Gmail＞をタップします。＜カレンダー＞が になっている場合はタップしてオンにすると、＜カレンダー＞アプリにGmailアカウントが追加され、同期できるようになります。

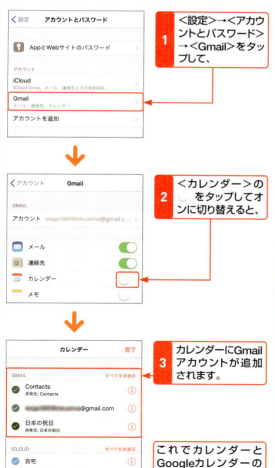

[カレンダー]　6　6 Plus　6s　6s Plus　SE　7　7 Plus　8　8 Plus　X

Q286 カレンダーを削除したい

A 「カレンダー」画面から削除できます。

作成したカレンダーを削除したい場合は、画面下部の＜カレンダー＞をタップします。削除したいカレンダーの🛈をタップし、＜カレンダーを削除＞→＜カレンダーを削除＞をタップすると、カレンダーの削除ができます。終わったら、＜完了＞をタップします。

関連 Q.277　カレンダーに予定を作成したい ……… P.164

167

[リマインダー] 6 6 Plus 6s 6s Plus SE 7 7 Plus 8 8 Plus X

Q 287 リマインダーを設定したい

A 「詳細」画面で通知する時間や場所を指定します。

リマインダーでは、時間や場所を設定して通知するように設定ができます。登録したToDoの①をタップして、「詳細」画面を表示します。＜指定日時で通知＞をオンにすると通知日時、＜指定場所で通知＞をオンにして＜場所＞をタップし、住所を入力すると通知する場所をそれぞれ設定することができます。

時間を指定して通知する

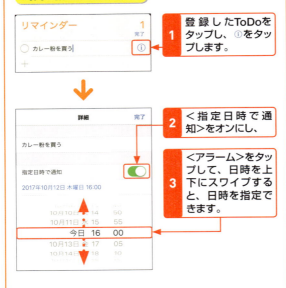

場所を指定して通知する

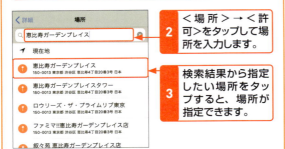

[リマインダー] 6 6 Plus 6s 6s Plus SE 7 7 Plus 8 8 Plus X

Q 288 ToDoに優先順位やメモを設定したい

A 「詳細」画面で設定することができます。

ToDoに優先順位やメモを設定したい場合は、Q.287を参考にToDoの「詳細」画面を表示して、＜優先順位＞をタップすると、！の数で低／中／高の3段階で優先順位を設定できます。＜メモ＞をタップすると、入力欄に任意の文章を入力できます。複数のToDoを抱えていたり、複雑な内容を登録したりしたいときに便利です。

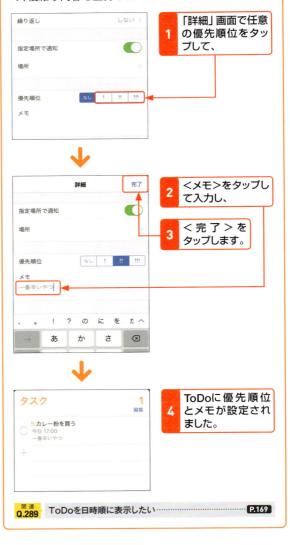

関連 Q.289 ToDoを日時順に表示したい ………… P.169

[リマインダー] 6 6 Plus 6s 6s Plus SE 7 7 Plus 8 8 Plus X

Q.289 ToDoを日時順に表示したい

A ＜日時設定あり＞をタップして、「日時設定あり」画面から確認します。

ToDoリストは日時順に表示できます。＜日時設定あり＞をタップすると、ToDoを時系列でチェックする画面に切り替わります。＜日時設定あり＞がない場合は＜タスク＞をタップしてください。

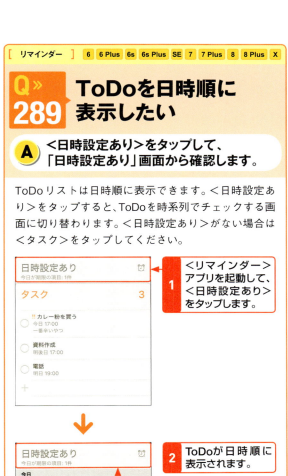

1 ＜リマインダー＞アプリを起動して、＜日時設定あり＞をタップします。

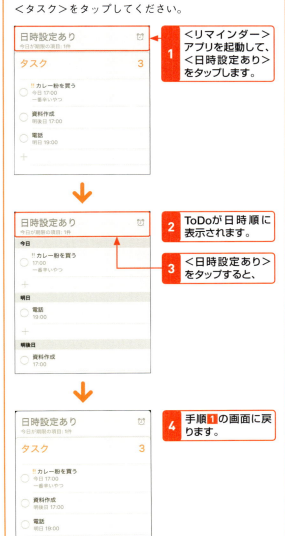

2 ToDoが日時順に表示されます。

3 ＜日時設定あり＞をタップすると、

4 手順1の画面に戻ります。

関連 Q.288 ToDoに優先順位やメモを設定したい …… P.168

[FaceTime] 6 6 Plus 6s 6s Plus SE 7 7 Plus 8 8 Plus X

Q.290 FaceTimeでビデオ通話をするには

A FaceTimeをオンに設定します。

FaceTimeを利用するには、iPhoneでFaceTimeの設定を有効にします。無線LANや4G／LTE回線が使える状況であれば、設定を有効にするだけで、かんたんに使用することができます。着信用のメールアドレスや、発信者番号などの設定方法については、Q.292で詳しく解説しています。

1 ホーム画面で＜設定＞→＜FaceTime＞をタップし、＜FaceTime＞を にします。

[FaceTime] 6 6 Plus 6s 6s Plus SE 7 7 Plus 8 8 Plus X

Q.291 FaceTimeで発信するには

A から発信します。

FaceTimeで発信するには、ホーム画面から＜FaceTime＞→ をタップし、通話相手をタップして をタップします。なお、あらかじめ連絡先にFaceTimeの発信情報を登録しておく必要があります。

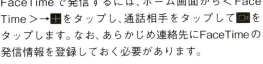
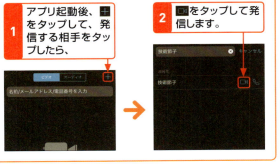

1 アプリ起動後、 をタップして、発信する相手をタップしたら、

2 をタップして発信します。

[FaceTime] 6 6 Plus 6s 6s Plus SE 7 7 Plus 8 8 Plus X

Q 292 着信用のアドレスを設定したい

A 「設定」画面でFaceTimeの設定をします。

FaceTimeは、設定を有効（Q.290参照）にすれば利用できます。通常、着信用の連絡先情報や発信者番号には電話番号が使われますが、＜設定＞→＜FaceTime＞をタップして、FaceTimeにApple IDを設定すれば、着信用のアドレスをメールアドレスにすることができます。もう一度電話番号に戻すことも可能です。

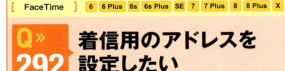

1 ホーム画面で＜設定＞→＜FaceTime＞→＜FaceTimeにApple IDを使用＞をタップして、

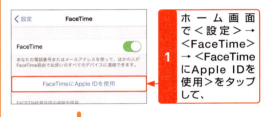

2 Apple IDのパスワードを入力し、

3 ＜サインイン＞をタップします。

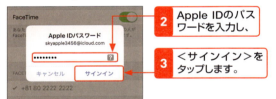

4 着信用のメールアドレスをタップします（複数選択可能）。

5 ＜発信者番号＞で、電話番号かメールアドレスをタップします（複数選択不可）。

[FaceTime] 6 6 Plus 6s 6s Plus SE 7 7 Plus 8 8 Plus X

Q 293 音声通話をFaceTimeに切り替えたい

A 音声通話中に通話パネルから切り替えます。

電話による音声通話中にビデオ通話に切り替えたくなったら、通話中に表示される操作パネルから＜FaceTime＞をタップして切り替えることができます。音声通話から切り替える場合も、通常の発信と同じく、相手と自分がFaceTimeの設定を完了させておく必要があるので注意しましょう（Q.290参照）。

1 ＜FaceTime＞をタップすると、ビデオ通話に切り替わります。

[FaceTime] 6 6 Plus 6s 6s Plus SE 7 7 Plus 8 8 Plus X

Q 294 ビデオ通話中にほかのアプリを利用したい

A ビデオ通話中にホーム画面を表示します。

FaceTimeでビデオ通話をしているときにホーム画面に戻ると、ほかのアプリを利用することができます。このとき、相手の画面には「一時停止中」と表示されます。

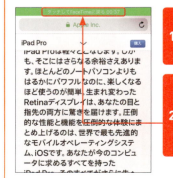

1 ビデオ通話中にホーム画面に戻ると、ほかのアプリを利用できます。

2 ＜タッチしてFaceTimeに戻る＞（iPhone Xでは時刻）をタップすれば、ビデオ通話に戻ります。

［時計・ボイスメモ・計算機］ 6 6 Plus 6s 6s Plus SE 7 7 Plus 8 8 Plus X

Q 295 iPhoneでアラームは設定できる？

A <時計>アプリでアラームを設定できます。

アラームの設定には、<時計>アプリを使用します。アプリを起動して、<アラーム>→＋をタップします。時間や音などの設定を行い、<保存>をタップします。一度追加したアラームは、タップしてオン／オフを切り替えることで、アラームを使用するかどうかを設定できます。

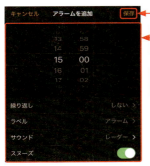

1 ホーム画面で<時計>をタップして、画面下部の<アラーム>をタップし、

2 ＋をタップします。

3 時間や音などを設定し、

4 <保存>をタップします。

5 アラームが設定されます。

［時計・ボイスメモ・計算機］ 6 6 Plus 6s 6s Plus SE 7 7 Plus 8 8 Plus X

Q 296 タイマー機能は利用できる？

A <時計>アプリでタイマーを設定できます。

タイマーの設定は、ホーム画面から<時計>→<タイマー>をタップします。任意の時間をタップして選択し、終了時に流れる音を設定して、<開始>をタップするとタイマーが開始されます。

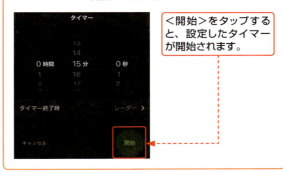

<開始>をタップすると、設定したタイマーが開始されます。

［時計・ボイスメモ・計算機］ 6 6 Plus 6s 6s Plus SE 7 7 Plus 8 8 Plus X

Q 297 電卓を使いたい

A <計算機>アプリを使用します。

ホーム画面で<計算機>をタップすると、電卓を使用することができます。電卓機能は横画面表示にも対応しています。横画面にすることで、縦画面よりも多様な計算ができるようになります。

171

[時計・ボイスメモ・計算機] 6 6 Plus 6s 6s Plus SE 7 7 Plus 8 8 Plus X

Q 298 計算結果をコピーしたい

A 計算結果をロングタッチします。

iPhoneの＜計算機＞アプリでは、計算結果をロングタッチして＜コピー＞をタップすれば、計算結果をコピーすることができます。コピーした計算結果は、再び計算結果にペーストして利用することも、ほかのアプリにペーストすることもできます。

1 ホーム画面を左右方向にスワイプし、＜計算機＞をタップします。

2 計算したら、計算結果をロングタッチして、

3 ＜コピー＞をタップします。

4 計算結果をロングタッチし、

5 ＜ペースト＞をタップすると、

6 手順3でコピーした計算結果がペーストされます。

[時計・ボイスメモ・計算機] 6 6 Plus 6s 6s Plus SE 7 7 Plus 8 8 Plus X

Q 299 音声メモを取りたい

A ＜ボイスメモ＞アプリを利用します。

iPhoneには、＜ボイスメモ＞アプリが搭載されており、これを使えばかんたんに音声を録音できます。作成したボイスメモは、メールやメッセージに添付することもできます。

1 ホーム画面の＜便利ツール＞→＜ボイスメモ＞をタップして、ボイスメモを起動します。

●をタップすると、録音が始まり、●をタップすると、終了します。

[メモ] 6 6 Plus 6s 6s Plus SE 7 7 Plus 8 8 Plus X

Q 300 メモを利用するには

A ＜メモ＞アプリを利用します。

＜メモ＞アプリを使えば、ちょっとした用事やアイデアなどを、かんたんに書き留めておけます。新規でメモを追加するには、ホーム画面で＜メモ＞→ をタップします。文章を入力して＜完了＞または＜メモ＞をタップすると、メモリストに追加されます。追加した最新のメモは、一覧のいちばん上に表示されます。

1 をタップして文章を入力し、

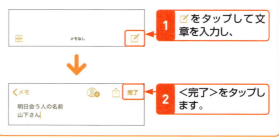

2 ＜完了＞をタップします。

[メモ] 6 6 Plus 6s 6s Plus SE 7 7 Plus 8 8 Plus X

Q.301 メモを編集したい

A 編集したいメモを
タップして編集します。

保存したメモを編集したい場合は、＜メモ＞をタップしてメモの一覧を表示し、編集したいメモをタップして選択します。編集が完了したら、＜完了＞をタップして、変更を保存します。

1 メモの一覧から編集したいメモをタップします。

2 編集が完了したら＜完了＞をタップします。

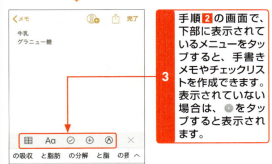

3 手順2の画面で、下部に表示されているメニューをタップすると、手書きメモやチェックリストを作成できます。表示されていない場合は、⊕をタップすると表示されます。

関連 Q.300　メモを利用するには　　　　　　　　P.172

[ヘルスケア] 6 6 Plus 6s 6s Plus SE 7 7 Plus 8 8 Plus X

Q.302 メディカルIDを設定したい

A ＜ヘルスケア＞アプリで設定します。

iPhoneの＜ヘルスケア＞アプリで「メディカルID」を設定しておくと、たとえば病気や事故などの緊急時に、応急手当を行う人などが、パスコードを入力することなくロック画面から、医療に関わる情報を見れるようになります。なお、初回起動時にメディカルIDを設定しなかった場合でも、＜ヘルスケア＞アプリを起動して＜メディカルID＞→＜編集＞をタップして設定することができます。

1 ホーム画面で＜ヘルスケア＞をタップします。

2 ＜次へ＞をタップして、名前や身長などのデータを入力し、

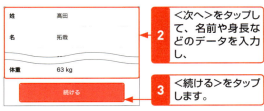

3 ＜続ける＞をタップします。

4 ＜メディカルIDを作成＞をタップしたら、過去の病気やケガの情報、アレルギー、血液型、緊急連絡先など、登録したい情報を入力して、

5 ＜次へ＞→＜完了＞→＜はじめよう＞をタップすると、設定が完了します。

[ヘルスケア]　6　6 Plus　6s　6s Plus　SE　7　7 Plus　8　8 Plus　X

Q303 ＜ヘルスケア＞のデータを入力したい

A ＜ヘルスケアデータ＞や＜メディカルID＞を入力します。

＜ヘルスケア＞アプリでは、身長や体脂肪率、体重などを記録することができます。＜ヘルスケア＞アプリを起動後に＜ヘルスケアデータ＞をタップし、＜身体測定値＞をタップしたあと、各項目をタップします。

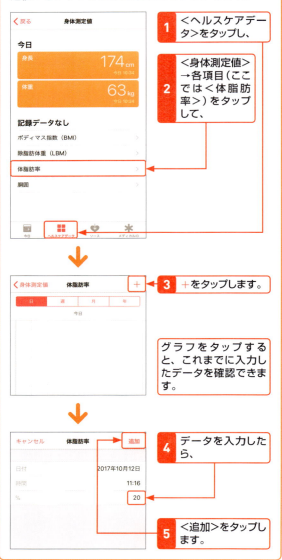

1 ＜ヘルスケアデータ＞をタップし、
2 ＜身体測定値＞→各項目（ここでは＜体脂肪率＞）をタップして、
3 ＋をタップします。

グラフをタップすると、これまでに入力したデータを確認できます。

4 データを入力したら、
5 ＜追加＞をタップします。

[ヘルスケア]　6　6 Plus　6s　6s Plus　SE　7　7 Plus　8　8 Plus　X

Q304 ＜ヘルスケア＞のデータを確認したい

A ＜ヘルスケアデータ＞の項目から確認します。

＜ヘルスケア＞アプリ起動後に＜アクティビティ＞をタップすると、日にちや週、月ごとに、歩数や走行距離などを、グラフで確認することができます。たとえば趣味でランニングを行っている場合などには、自分がどれだけ走ったのか、確認するためのツールとして活用するとよいでしょう。

1 ＜ヘルスケアデータ＞をタップして、
2 ＜アクティビティ＞をタップします。

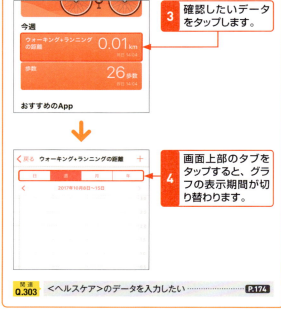

3 確認したいデータをタップします。
4 画面上部のタブをタップすると、グラフの表示期間が切り替わります。

関連 Q.303　＜ヘルスケア＞のデータを入力したい　……… P.174

[Siri] 6 6 Plus 6s 6s Plus SE 7 7 Plus 8 8 Plus X

Q.305 Siriを設定するには

A <設定>アプリで<Siriと検索>をタップします。

Siriを使えば、音声でアプリを起動することができます。アプリを単純に起動させるだけでなく、<メール>アプリを開き、新規作成画面を開くといったことも可能です。ホーム画面から<設定>→<Siriと検索>をタップすると、Siriについて細かな設定を行えます。<"Hey Siri"を聞き取る>がONになっていれば、呼びかけるだけでSiriを起動でき、Spotlight検索（Q.039参照）の「SIRIからの提案」に表示されるアプリを、個別に設定することもできます。

1 ホーム画面から<設定>→<Siriと検索>をタップします。

2 <"Hey Siri"を聞き取る>がONになっていれば、「Hey Siri」<ヘイシリ>とiPhoneに話しかけるだけでSiriを起動できます。

3 「SIRIからの提案」では、Spotlight検索（Q.039参照）の「SIRIからの提案」に表示されるアプリを、個別に設定することができます。

[Siri] 6 6 Plus 6s 6s Plus SE 7 7 Plus 8 8 Plus X

Q.306 Siriでカレンダーに予定を入力するには

A Siriに予定を話しかけます。

本体のホームボタン押し続けるか、「Hey Siri」と話しかけて起動し、「明日の○○時から会議」のように予定を話しかけると、Siriに「スケジュールに追加してもよろしいですか？」と確認されます。<確定>をタップすれば、予定が<カレンダー>アプリに追加されます。また、最初に「予定を作成」などと話しかけてから、予定の詳細を設定していくことも可能です。
なお、ホームボタンのないiPhone Xは、サイドボタンを長押ししてSiriを起動します。

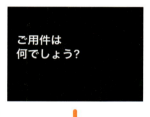

1 本体のホームボタンを押し続けるか「Hey Siri」と話しかけてSiriを起動し、予定（ここでは「18時から会議」）を話しかけます。

2 「スケジュールに追加してもよろしいですか?」と確認されるので、<確定>をタップします。

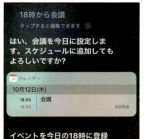

3 <カレンダー>アプリに予定が追加されます。

[Siri] 6 6 Plus 6s 6s Plus SE 7 7 Plus 8 8 Plus X

Q 307 近くのレストランを Siriで探したい

A Siriに「レストラン検索」と話しかけます。

Siriに「レストラン検索」と話しかければ、現在地近くのレストランを検索することができます。また、「近くのレストラン」でも同じようにレストランの検索が行えます。ただし、地域によってはレストランを検索できない場合もあります。

1 Siriを起動して「レストラン検索」と話しかけます。

2 検索結果が表示されるので、任意のレストランをタップします。

3 レストランの詳細が表示されます。

タップすると、お店に電話をかけたり、マップで所在地を確認したりできます。

関連 Q.274 近くにあるお店を検索したい ……… P.163

[iBooks] 6 6 Plus 6s 6s Plus SE 7 7 Plus 8 8 Plus X

Q 308 iBooksで電子書籍や PDFを読むには

A ＜iBooks＞アプリを利用します。

＜iBooks＞アプリを利用すると、iPhoneで電子書籍を読むことができます。Storeから好きな本を探してダウンロードしておけば、いつでも好きな本を読めます。また、＜iBooks＞アプリでは、PDFのファイルをダウンロードして読むこともできます。

1 ホーム画面で＜iBooks＞をタップします。「iCloud for iBooks」画面が表示されたら＜iCloudを使用＞をタップします。

2 Storeが表示されるので、キーワード検索などで読みたい書籍を検索しましょう。

3 読みたい書籍をタップして、＜入手＞（有料の場合は価格）→＜入手＞（有料の場合は＜支払い＞）をタップし、Apple IDのパスワードを入力して＜サインイン＞をタップします。

4 画面左下の＜ブック＞をタップすると、入手した書籍が表示されます。

5 書籍をタップすると、読むことができます。

第**9**章

定番&
おすすめアプリの
便利技

309 >>> 319 　アプリ

320 >>> 326 　おすすめアプリ

9 定番&おすすめアプリの便利技

[アプリ] 6　6 Plus　6s　6s Plus　SE　7　7 Plus　8　8 Plus　X

Q 309 アプリはどこで探せばいいの？

A App Storeで検索・購入できます。

iPhoneは、世界中の開発者が作ったアプリをインストールすることで、さまざまな機能を追加することができます。アプリはiPhoneにプリインストールされている＜App Store＞アプリを使って、App Storeサービスからダウンロードおよびインストールを行います。App Storeは、iPhoneのホーム画面で＜App Store＞をタップすると起動します。App Storeでは、おすすめのアプリの説明を閲覧したり、キーワードでアプリを検索したりすることができます。またアプリをインストールするにはApple ID（Q.358参照）が、有料アプリの場合は支払い情報（Q.361参照）の登録が必要となります。

1　ホーム画面で＜App Store＞をタップすると、

2　＜App Store＞アプリが起動して、App Storeのサービスが表示されます。

関連 Q.358	Apple IDを作りたい……………………………… P.206
関連 Q.361	登録した支払い情報や個人情報を変更したい………… P.209

Q 310 アプリのランキングを見たい

A 「App」のランキングを確認しましょう。

App Store内のアプリのランキングを見たい場合は、＜App＞をタップして、「トップ」と表示されたランキングを確認しましょう。「トップ」には、有料アプリのランキングの「トップ有料」と、無料アプリのランキングの「トップ無料」と、カテゴリ別にランキングになっている「トップカテゴリ」の3つがあります。＜すべてを表示＞をタップすると、詳しく確認できます。

1　ホーム画面で＜App Store＞をタップして起動します。

2　＜App＞をタップします。

3　画面を上方向にスワイプすると、「トップ○○」と表示されたランキングが表示されます。「トップ有料」が有料アプリ、「トップ無料」が無料アプリのランキングです。

4　＜すべて表示＞をタップすると、

5　詳細なランキングが表示されます。

6　＜すべてのApp＞をタップすると、カテゴリ別のアプリのランキングが表示されます。

[アプリ] 6 6 Plus 6s 6s Plus SE 7 7 Plus 8 8 Plus X

Q≫311 アプリの内容を確認したい

A アプリをタップすると内容が表示されます。

App Store内のアプリの内容を確認したい場合は、カテゴリやランキングなどに表示されているアプリをタップします。アプリの内容の画面が表示されるので、そこから内容を確認します。また、アプリには無料と有料のものがあります。有料のアプリには、料金が表示されています。

関連 Q.312 アプリの評判を確認したい……P.179

[アプリ] 6 6 Plus 6s 6s Plus SE 7 7 Plus 8 8 Plus X

Q≫312 アプリの評判を確認したい

A アプリの詳細から評判やレビューを参照できます。

App Storeで公開されているアプリは、インストールしたユーザーからの5段階評価の点数やレビューを見ることができます。アプリをインストールするかどうかの参考になるので、インストールする前に確認しておきましょう。アプリの詳細を開くと、アプリの内容の下に5段階の平均評価とレビューが表示されます。レビューをさらに確認したい場合は、＜すべて表示＞をタップします。

アプリの評価やレビューを見る

関連 Q.311 アプリの内容を確認したい……P.179

179

[アプリ]

6　6 Plus　6s　6s Plus　SE　7　7 Plus　8　8 Plus　X

iPhoneにアプリをインストールしたい

 アプリの＜入手＞または料金欄をタップします。

iPhoneにアプリをインストールする場合は、＜App Store＞アプリからインストールします。なお、アプリはiPhoneの空き容量がないとインストールができません。また、容量がいっぱいになっていると、アプリが正しく起動しない可能性もあります。ホーム画面で＜設定＞→＜一般＞→＜iPhoneストレージ＞をタップして、iPhoneの空き容量を確認しておきましょう。

Apple IDにサインインしている場合

1 インストールしたいアプリを選択して詳細を開き、

2 ＜入手＞（有料アプリの場合は＜￥○○＞）→＜インストール＞をタップします。

3 パスワードを入力して、

4 ＜Done＞をタップすると、

5 アプリのインストールができます。

Apple IDにサインインしていない場合

1 インストールしたいアプリを選択して詳細を開き、

2 ＜入手＞（有料アプリの場合は＜￥○○＞）をタップします。

3 ＜既存のApple IDを使用＞をタップします。

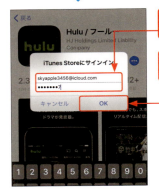

4 Apple IDとパスワードを入力して、

5 ＜OK＞をタップします。

6 ＜インストール＞をタップします。

[アプリ] 6 6 Plus 6s 6s Plus SE 7 7 Plus 8 8 Plus X

Q»314 アプリ内購入について確認するには

A App内課金を確認します。

アプリ内購入とは、アプリのインストール後に、そのアプリ内でアドオンを購入することです。アプリ内課金できるアドオンには、一度もしくは回数制限がある消費型のものと、追加機能自体を購入しアプリを拡張する権利型の2種類が存在します。アプリ内購入のあるアプリには、「App内課金」と表示されており、アプリ詳細画面のApp内課金の＜あり＞をタップすると、詳細な金額が表示されます。

関連 Q.311 アプリの内容を確認したい ……… P.179

[アプリ] 6 6 Plus 6s 6s Plus SE 7 7 Plus 8 8 Plus X

Q»315 アプリや音楽を再ダウンロードするには

A アプリはApp Storeから、音楽はiTunes Storeから再ダウンロードします。

アプリや音楽を間違えて削除してしまったなど、再ダウンロードをしたい場合は、アプリはApp Storeから、音楽はiTunes Storeから行います。アプリの場合は、検索でアプリを探して再ダウンロードします。音楽の場合は、＜その他＞→＜購入済み＞をタップして、再ダウンロードします。有料のアプリや音楽を再ダウンロードする場合は、追加費用はかからずに、ダウンロードできます。

アプリを再ダウンロードする

音楽を再ダウンロードする

関連 Q.313 iPhoneにアプリをインストールしたい ……… P.180
関連 Q.233 iTunes Storeで曲を購入したい ……… P.140

[アプリ] 6 6 Plus 6s 6s Plus SE 7 7 Plus 8 8 Plus X

Q≫316 アプリをアップデートしたい

A アップデートしたいアプリの＜アップデート＞をタップします。

アプリは、不具合の修正やパフォーマンスの改善などで、定期的にアップデートが配信されます。アプリのアップデートがあると、ホーム画面のApp Storeのアイコンに赤丸の数字が付きます。＜App Store＞をタップして、＜アップデート＞をタップすると、アップデートのあるアプリが一覧で表示されます。アップデートをしたいアプリの＜アップデート＞をタップするか、＜すべてをアップデート＞をタップしましょう。

1 アプリのアップデートがあると、＜App Store＞に赤丸で数字が付きます。＜App Store＞をタップします。

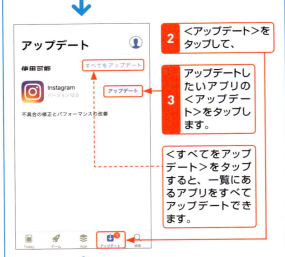

2 ＜アップデート＞をタップして、

3 アップデートしたいアプリの＜アップデート＞をタップします。

＜すべてをアップデート＞をタップすると、一覧にあるアプリをすべてアップデートできます。

4 アップデートが開始されます。

5 ＜開く＞と表示されたら、アップデートが完了します。

[アプリ] 6 6 Plus 6s 6s Plus SE 7 7 Plus 8 8 Plus X

Q≫317 アカウントが同じならiPadで購入したアプリも使える?

A 基本的に使えますが、iPad専用アプリは使えません。

同じApple IDを使用すれば、購入したアプリを別のiOSデバイスにインストールできます。iPadで購入したアプリをiPhoneにもインストールすることは可能です。ただし、iPadにしか対応していない専用アプリの場合は使用することはできません。iPhoneにインストールする場合は、iPhoneに対応したアプリであることが条件となります。事前に確認しておきましょう。

iPad専用のアプリは、iPhoneでApp Storeにアクセスしても表示されません。

同じApple IDでサインインをして、ホーム画面で＜設定＞→＜自分の名前＞→＜iTunesとApp Store＞をタップし、＜App＞の○をタップして●にすると、ほかの端末でインストールした同じアプリを自動的にインストールできます。

182

[アプリ] 6 6 Plus 6s 6s Plus SE 7 7 Plus 8 8 Plus X

Q 318 アプリを終了したい

A ホーム画面に戻るだけでは、アプリは完全に終了しません。

アプリの使用中にホーム画面に戻ると、アプリは一旦中断しますが、完全に終了するわけではありません。バックグラウンドで待機し、もう一度アプリを起動させたときに途中から再開できるようになっています。アプリがバックグラウンドで実行されている間は、バッテリーを消費しています。アプリを完全に終了したい場合は、ホームボタンをすばやく2回押して、使用中のアプリを一覧表示します。そして、終了させたいアプリを上方向にスワイプすると、一覧からアイコンが消え、アプリが終了します。起動しているアプリが多い場合は、画面を左右にスワイプするとアプリを切り替えることができます。なお、iPhone Xの場合は、画面下部から上方向にスワイプして指を止めると、バックグラウンドで起動しているアプリが表示されます。終了させたいアプリを長押しすると が表示され、これをタップするとアプリが終了します。

1 ホームボタンをすばやく2回押して、バックグラウンドで起動しているアプリを表示させ、

2 左右にスワイプして終了したいアプリを表示し、

3 上方向にスワイプすると、

4 アプリが終了します。

ホームボタンを押す（iPhone Xの場合は、画面下部から上方向にスワイプする）ともとの画面に戻ります。

[アプリ] 6 6 Plus 6s 6s Plus SE 7 7 Plus 8 8 Plus X

Q 319 アプリを削除したい

A ホーム画面からアプリを削除できます。

iPhoneからアプリを削除したい場合は、まずホーム画面で削除したいアプリのアイコンをタッチし続けます。アプリのアイコンに表示される をタップすると、確認画面が表示されます。＜削除＞をタップすると、iPhoneからアプリが削除されます。削除が終了したら本体のホームボタンを押してアイコンの編集を終了します。アプリを削除しない場合は、確認画面で＜キャンセル＞をタップし、本体のホームボタンを押して（iPhone Xの場合は、ステータスバーの＜完了＞タップして）アイコンの編集を終了します。もし誤ってアプリを削除してしまったときは、再インストール（Q.315参照）しましょう。

アプリを削除する

1 ホーム画面で削除したいアプリのアイコンをタッチし続け、

2 をタップし、

3 ＜削除＞をタップすると、

4 アプリがiPhone上から削除されます。

ホームボタンを押す（iPhone Xの場合は、ステータスバーの＜完了＞をタップする）と、アイコンの揺れが収まります。

関連 Q.315 アプリや音楽を再ダウンロードするには………… P.181

[おすすめアプリ]　6　6 Plus　6s　6s Plus　SE　7　7 Plus　8　8 Plus　X

Q.320 YouTubeで面白い動画を探したい

A ＜急上昇＞をタップして探します。

「YouTube」とは、アップロードされている動画を無料で視聴できるサービスです。Q.313を参考に、＜YouTube＞アプリをインストールします。＜YouTube＞アプリを起動し、＜急上昇＞をタップして、カテゴリ名をタップすると、人気動画や各カテゴリ別のおすすめ動画を表示することができます。また、🔍をタップして、検索フィールドにキーワードを入力すると、動画を検索することができます。

1　＜YouTube＞アプリを起動し、＜急上昇＞をタップします。

2　参照したいカテゴリをタップすると、

3　選択したカテゴリのおすすめ動画が表示されます。

4　動画をタップすると、再生が始まります。

[おすすめアプリ]　6　6 Plus　6s　6s Plus　SE　7　7 Plus　8　8 Plus　X

Q.321 Gmailでメールを見るには？

A 見たいメールをタップします。

「Gmail」とは、Googleが提供する無料のメールサービスです。iPhoneでGmailのメールを見るには、まずQ.313を参考に＜Gmail＞アプリをインストールします。＜Gmail＞アプリを起動し、Gmailのメールアドレスを入力して＜次へ＞をタップし、パスワードを入力して＜次へ＞をタップして、Googleアカウントにログインします。ログインが完了すると、「ようこそ」と表示されるので、＜OK＞をタップします。Gmailのメール画面が表示されるので、任意のメールをタップすると見ることができます。

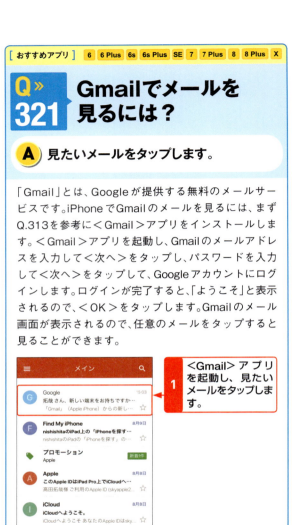

1　＜Gmail＞アプリを起動し、見たいメールをタップします。

2　メールが表示され、中身を確認できます。

[おすすめアプリ]　6　6 Plus　6s　6s Plus　SE　7　7 Plus　8　8 Plus　X

Q 322　Google Mapで地図を確認したい

A 位置情報をオンにしてGoogle Mapを起動しましょう。

「Google Map」とは、Googleが提供する地図アプリです。Google Mapで周辺の地図を確認したい場合は、まずQ.313を参考に＜Google Map＞アプリをインストールして、端末の位置情報をオンにします。オンにしてからGoogle Mapを起動すると、現在地付近の地図が表示されます。上部の検索欄に任意の地名などを入力すると、その場所の地図を確認できます。また、＜経路＞をタップして、出発地と目的地を入力すると、目的地までのルートを表示してくれます。

1　＜Google Map＞アプリを起動すると、現在地周辺の地図を確認できます。

現在地は、で表示されます。

2　画面をピンチオープン／ピンチクローズすると、地図を拡大／縮小できます。

[おすすめアプリ]　6　6 Plus　6s　6s Plus　SE　7　7 Plus　8　8 Plus　X

Q 323　Kindleで電子書籍を読みたい

A Kindleにサインインして、電子書籍をタップして読みます。

「Kindle」とは、Amazonが提供する電子書籍アプリです。Amazonで購入した電子書籍を読むことができます。Kindleで電子書籍を読みたい場合は、まずQ.313を参考に＜Kindle＞アプリをインストールします。＜Kindle＞アプリを起動し、Amazonアカウントにサインインをします。Amazonに登録しているメールアドレスまたは電話番号とパスワードを入力して、＜サインイン＞をタップします。＜始めましょう＞→＜次へ＞→＜次へ＞→＜完了＞をタップすると、Kindleのメイン画面が表示されます。ここから、読みたい電子書籍をタップすると読めます。電子書籍は、左右にスワイプすることでページ送りできます。

1　＜Kindle＞アプリを起動して、読みたい電子書籍をタップします。

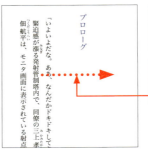

2　電子書籍が表示され、読むことができます。

3　右方向にスワイプすると、次のページに移動します。

185

第9章 定番&おすすめアプリの便利技

[おすすめアプリ]　6　6 Plus　6s　6s Plus　SE　7　7 Plus　8　8 Plus　X

Q 324 青空文庫で電子書籍を読みたい

A 一覧から書籍をダウンロードして読みましょう。

青空文庫では、著作権が切れてしまったものや、著者が無料で公開しているものを電子書籍にしているので、基本的に無料で読むことができます。Q.313を参考に＜i読書＞アプリをインストールします。＜i読書＞アプリを起動し、＜作者名別＞または＜作品名別＞をタップして、読みたい書籍を探しましょう。書籍はダウンロードして、＜My 本棚＞から読むことができます。

1 ＜i読書＞アプリを起動して、読みたい書籍をタップしてダウンロードします。

2 ＜My 本棚＞をタップして、読みたい書籍をタップすると、読むことができます。

[おすすめアプリ]　6　6 Plus　6s　6s Plus　SE　7　7 Plus　8　8 Plus　X

Q 325 Evernoteを利用したい

A ログインをして、ノートを作りましょう。

Evernoteを利用するには、まずQ.313を参考に＜Evernote＞アプリをインストールします。＜Evernote＞アプリを起動し、ユーザー名かメールアドレスを入力して、＜続行＞をタップします。次にパスワードを入力して、＜続行＞をタップすると、ログインができます。をタップすると、ノートを作成できます。また、Googleアカウントでログインもできます。

1 ＜Evernote＞アプリを起動し、をタップします。

2 題名を入力し、＜完了＞をタップすると、ノートが作成できます。

ノートに、画像や音声などを追加することもできます。

[おすすめアプリ]　6　6 Plus　6s　6s Plus　SE　7　7 Plus　8　8 Plus　X

Q 326 OfficeのファイルをiPhoneで開きたい

A ＜OfficeSuite＞アプリを使いましょう。

OfficeファイルをiPhoneで開くには、＜OfficeSuite＞アプリを使うと便利です。端末に保存したファイルだけでなく、iCloudに保存したファイルも開くことができます。OfficeSuiteはOfficeファイルだけでなく、PDFファイルも閲覧できます。Q.313を参考に＜OfficeSuite＞アプリをインストールしましょう。

1 ＜OfficeSuite＞アプリを起動し、フォルダやドライブをタップして、開きたいファイルをタップします。

2 ファイルが開き、閲覧できます。

第**10**章

iPhone&SNSの便利技

327 >>> 329　**Twitter**

330 >>> 333　**Facebook**

334 >>> 337　**LINE**

338 >>> 340　**Instagram**

[Twitter]　6　6 Plus　6s　6s Plus　SE　7　7 Plus　8　8 Plus　X

Q≫327 Twitter（ツイッター）を利用したい

A Twitterを起動して、新規登録しましょう。

「Twitter」は140文字以内で「今どうしてる？」かをツイートで投稿するSNSです。友だちや企業などをフォローして、相手のツイートを見たり、交流することができます。Q.313を参考に、iPhoneに＜Twitter＞アプリをインストールします。ホーム画面から＜Twitter＞アプリのアイコンをタップして起動し、新規アカウントを登録しましょう。

1 ＜Twitter＞アプリを起動して、＜はじめる＞をタップします。

すでにアカウントを持っている場合は＜ログイン＞をタップします。

2 画面の指示に従って、呼び名、電話番号またはメールアドレス、パスワード、ユーザー名を登録します。

3 登録が完了し、Twitterが利用できるようになります。

関連 Q.313　iPhoneにアプリをインストールしたい　P.180

[Twitter]　6　6 Plus　6s　6s Plus　SE　7　7 Plus　8　8 Plus　X

Q≫328 Twitterにツイートを投稿したい

A をタップしてツイートを投稿しましょう。

Twitterにツイートを投稿してみましょう。ツイートは140文字までの短い文章を投稿する、Twitterのメイン機能です。＜Twitter＞アプリを起動して、をタップします。文章を入力して＜ツイート＞をタップすると、ツイートが投稿できます。

1 ＜Twitter＞アプリを起動し、をタップします。

2 文章を入力して、

3 ＜ツイート＞をタップすると、

4 ツイートが投稿されます。

5 をタップすると、自分のツイートもタイムラインに表示されます。

関連 Q.329　Twitterに写真を投稿したい　P.189

[Twitter] 6 6 Plus 6s 6s Plus SE 7 7 Plus 8 8 Plus X

Q»329 Twitterに写真を投稿したい

A 🖼をタップしましょう。

Twitterは、ツイートを投稿する際に写真を添付できます。写真投稿には2種類の方法があります。1つが＜カメラ＞アプリを起動して写真を撮影し、それを投稿する方法です。もう1つがカメラロールに保存している写真を投稿する方法です。好きな方法を選択して、投稿してみましょう。

1 ＜Twitter＞アプリを起動し、✒をタップします。

2 🖼→投稿する写真をタップします。

3 ツイートする文章を入力し、

4 ＜ツイート＞をタップすると、

5 写真を投稿できます。

関連 Q.328 Twitterにツイートを投稿したい ……… P.188

[Facebook] 6 6 Plus 6s 6s Plus SE 7 7 Plus 8 8 Plus X

Q»330 Facebookを利用したい

A Facebookを起動して、新規登録しましょう。

「Facebook」は実名アカウントで登録する世界最大規模のSNSです。プライベートな情報を設定できるので、実際に知り合った相手と交流するのに便利です。また、趣味を共有したり、ビジネスに活用したりと、幅広く利用されています。Q.313を参考に、iPhoneに＜Facebook＞アプリをインストールします。ホーム画面から＜Facebook＞アプリのアイコンをタップして起動し、新規アカウントを登録しましょう。

1 ＜Facebook＞アプリを起動して、＜新しいアカウントを作成＞をタップします。

すでにアカウントを持っている場合は、アカウントとパスワードを入力して＜ログイン＞をタップします。

2 ＜登録＞をタップし、画面の指示に従って、メールアドレス、名前、パスワード、生年月日、性別を登録します。

3 登録が完了し、Facebookが利用できるようになります。

関連 Q.313 iPhoneにアプリをインストールしたい ……… P.180

189

[Facebook] 6 6 Plus 6s 6s Plus SE 7 7 Plus 8 8 Plus X

Q» 331 Facebookに投稿したい

A タイムラインやニュースフィードから投稿できます。

記事を投稿するときは、＜今なにしてる？＞をタップします。＜タグ付けする＞をタップするとタグ付け、＜チェックイン＞をタップすると位置情報が追加できます。＜写真／動画＞をタップして写真を追加したり、＜気分・アクティビティ・スタンプ＞をタップして今の気分をアイコンやスタンプで表して、＜投稿する＞をタップして投稿しましょう。

1 ＜今なにしてる?＞をタップします。

2 文章を入力し、🖼📹📍😊→＜写真／動画＞をタップして写真を追加して、

3 ＜投稿する＞をタップすると、

「"Facebook"が写真へのアクセスを求めています」と表示されたら、＜OK＞をタップします。

4 Facebookへの投稿が完了します。

[Facebook] 6 6 Plus 6s 6s Plus SE 7 7 Plus 8 8 Plus X

Q» 332 Facebookの投稿に「いいね！」したい

A 投稿を表示して＜いいね！＞をタップします。

Facebookでは、友達や企業などの投稿に「いいね！」をすることでコミュニケーションをとったり、情報を共有したりすることができます。iPhoneの＜Facebook＞アプリでも、投稿した記事の下の表示される＜いいね！＞をタップすると、投稿に対して「いいね！」ができます。「いいね！」をすると、その投稿の公開範囲に合わせて、投稿が友達に共有されます。

1 ニュースフィードで、「いいね!」したい記事を表示して、

2 ＜いいね!＞をタップすると、

3 投稿に対して「いいね!」ができます。

4 ＜いいね!＞を再度タップすると、

5 「いいね!」が取り消されます。

関連 Q.333 Facebookの投稿にコメントしたい ……… P.191

[Facebook]　6　6 Plus　6s　6s Plus　SE　7　7 Plus　8　8 Plus　X

Q»333 Facebookの投稿にコメントしたい

A 投稿を表示して<コメントする>をタップします。

「いいね！」と同じように、コメントもFacebookのコミュニケーションに欠かせない機能です。コメントしたい投稿の下にある<コメントする>をタップします。表示される入力欄にコメントを入力して➤をタップすると、投稿に対してコメントできます。

1 <コメントする>をタップして、
2 コメントを入力し、
3 ➤をタップすると、
4 コメントが投稿されます。

関連 Q.332　Facebookの投稿に「いいね！」したい　　　　P.190

[LINE]　6　6 Plus　6s　6s Plus　SE　7　7 Plus　8　8 Plus　X

Q»334 LINEを利用したい

A LINEを起動して、新規登録しましょう。

「LINE」は無料で友だちとメッセージのやりとりや通話ができるSNSです。また、LINE独自の「スタンプ」を使った交流もできます。Q.313を参考に、iPhoneに<LINE>アプリをインストールします。ホーム画面から<LINE>アプリのアイコンをタップして起動し、新規アカウントを登録しましょう。

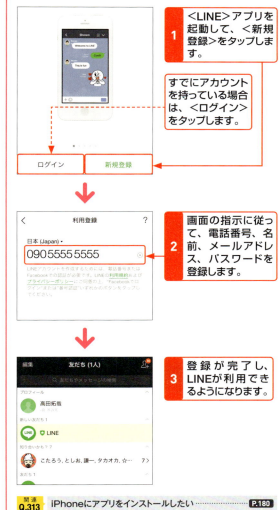

1 <LINE>アプリを起動して、<新規登録>をタップします。

すでにアカウントを持っている場合は、<ログイン>をタップします。

2 画面の指示に従って、電話番号、名前、メールアドレス、パスワードを登録します。

3 登録が完了し、LINEが利用できるようになります。

関連 Q.313　iPhoneにアプリをインストールしたい　　　　P.180

[LINE] 6 6 Plus 6s 6s Plus SE 7 7 Plus 8 8 Plus X

Q 335 友だちを追加するには

A 友だちのQRコードを読み取りましょう。

LINEで友だちを追加するには、ID検索、電話番号検索、QRコードの読み取り、ふるふるの4つの方法があります。ID検索と電話番号検索は、18歳以上で年齢認証を完了していないと使えません。ふるふるは、位置情報機能をオンにして、お互いの端末を振ります。QRコードの読み取りは、どちらかの端末でQRコードを表示し、もう一方の端末で読み取ります。いずれかの方法で、友だちを表示し、<追加する>をタップすれば、友だちを追加できます。

QRコードで友だちを追加する

1 <LINE>アプリを起動し、👤をタップします。
2 👥をタップします。
3 <QRコード>をタップします。
4 友だちのQRコードを読み取ります。

自分のQRコードを表示させたい場合は、<マイQRコード>をタップします。

5 <追加>をタップします。

[LINE] 6 6 Plus 6s 6s Plus SE 7 7 Plus 8 8 Plus X

Q 336 トークを始めたい

A <トーク>をタップしてトークルームを開きましょう。

友だちとトークを楽しみたい場合は、友だちをタップして<トーク>をタップし、トークルームを開きます。トークルームでメッセージを入力して送信しましょう。トークルームではほかにも、写真や動画を送信したり、友だちと無料で通話したりすることもできます。

1 友だちをタップして、
2 <トーク>をタップすると、
3 トークルームが開きます。
4 メッセージを入力して、
5 ▶をタップすると、
6 メッセージを送信できます。

関連 Q.337 スタンプを利用したい …………… P.193

---

10 iPhone&SNSの便利技

[LINE] 6 6 Plus 6s 6s Plus SE 7 7 Plus 8 8 Plus X

Q 337 スタンプを利用したい

A ☺をタップしてスタンプを選択します。

トークルームでは、メッセージを送信するほかに、スタンプを友だちに送信することができます。スタンプにはさまざまな種類があり、無料と有料のものがあります。有料スタンプはスタンプショップで購入することで使えるようになります。ここでは、無料スタンプの利用方法を紹介します。

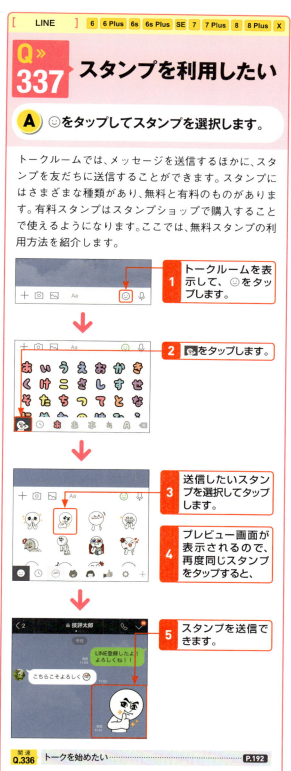

関連 Q.336 トークを始めたい …… P.192

[Instagram] 6 6 Plus 6s 6s Plus SE 7 7 Plus 8 8 Plus X

Q 338 Instagramを利用したい

A Instagramを起動して、新規登録しましょう。

「Instagram」は写真や動画を投稿して、シェアすることができるSNSです。写真や動画は、アプリ内で加工や編集をすることができます。Q.313を参考に、iPhoneに＜Instagram＞アプリをインストールします。ホーム画面から＜Instagram＞アプリのアイコンをタップして起動し、新規アカウントを登録しましょう。

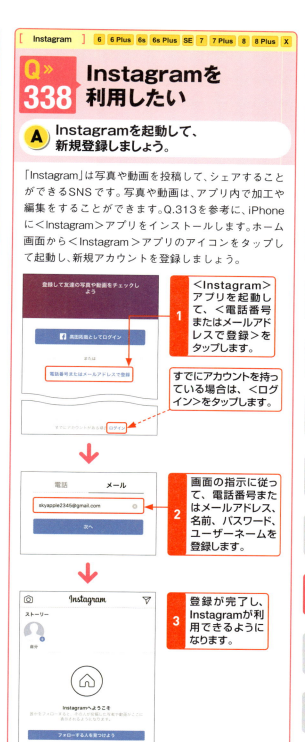

関連 Q.313 iPhoneにアプリをインストールしたい …… P.180

193

[Instagram] 6 6 Plus 6s 6s Plus SE 7 7 Plus 8 8 Plus X

Q 339 Instagramに写真を投稿するには

A ⊕をタップして写真を選択して投稿しましょう。

Instagramに登録したら、早速写真を投稿してみましょう。写真はフィルター加工や編集をして投稿できます。なお、その場で撮影した写真や動画を投稿することもできます。また、「ストーリー」という機能もあります。ストーリーに投稿した写真は24時間経過すると自動的に削除されてしまいますが、よりリアルタイムなつながりを感じることができます。

1 ⊕をタップして、

2 投稿する写真をタップして選択し、

3 <次へ>をタップします。

4 フィルター加工や編集をして、<次へ>をタップします。

5 キャプションを入力して、

6 <OK>をタップします。

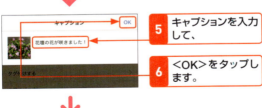

7 <シェアする>をタップすると、投稿が完了します。

関連 Q.340 Twitter／Facebookと連携させたい ……… P.194

[Instagram] 6 6 Plus 6s 6s Plus SE 7 7 Plus 8 8 Plus X

Q 340 Twitter／Facebookと連携させたい

A <Twitter>と<Facebook>をタップしてオンにして投稿しましょう。

TwitterとFacebookも使っている場合は、アプリどうしを連携させると便利です。連携させると、Instagramで投稿した写真が、Twitterではツイート、Facebookでは記事として同時に投稿されます。連携させる場合は、新規投稿画面で、<Twitter>と<Facebook>をタップしてオンにしてから、<シェアする>をタップして投稿します。初めて連携させる場合は、各SNSのアカウントとパスワードを入力する必要があります。

Twitterと初めて連携する場合

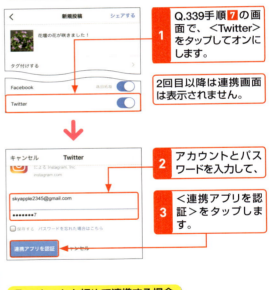

1 Q.339手順7の画面で、<Twitter>をタップしてオンにします。

2回目以降は連携画面は表示されません。

2 アカウントとパスワードを入力して、

3 <連携アプリを認証>をタップします。

Facebookと初めて連携する場合

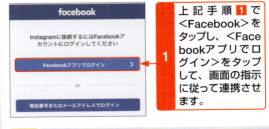

1 上記手順1で<Facebook>をタップし、<Facebookアプリでログイン>をタップして、画面の指示に従って連携させます。

関連 Q.339 Instagramに写真を投稿するには ……… P.194

第11章

iCloudの便利技

341 >>> 343	iCloud
344	マイフォトストリーム
345	フォトライブラリ
346 >>> 349	バックアップ
350 >>> 351	容量
352	iCloud Drive
353	iCloud.com
354	Windows 用 iCloud
355	ブックマーク
356 >>> 357	iPhone を探す

11 iCloudの便利技

[iCloud] 6 6 Plus 6s 6s Plus SE 7 7 Plus 8 8 Plus X

Q 341 iCloudを使いたい

A Apple IDを取得後、＜設定＞アプリからiCloudの設定をしましょう。

iCloudとは、Appleが提供するクラウドサービスのことです。MacやiPhone、iPad、iPod touchなどに対応しており、各端末で写真や動画、アプリなどのデータを共有することができます。iPhoneをほかのiPhoneやiPadと同期させるときも、パソコンを経由する必要がないのでとても便利です。

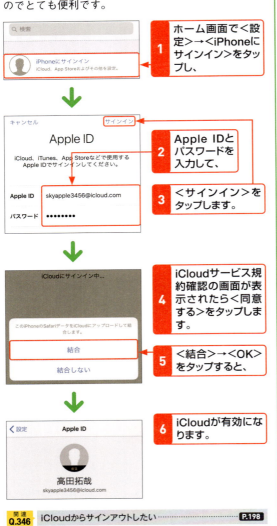

1 ホーム画面で＜設定＞→＜iPhoneにサインイン＞をタップし、

2 Apple IDとパスワードを入力して、

3 ＜サインイン＞をタップします。

4 iCloudサービス規約確認の画面が表示されたら＜同意する＞をタップします。

5 ＜結合＞→＜OK＞をタップすると、

6 iCloudが有効になります。

関連 Q.346 iCloudからサインアウトしたい P.198

[iCloud] 6 6 Plus 6s 6s Plus SE 7 7 Plus 8 8 Plus X

Q 342 必要な項目だけを同期したい

A iCloudの設定完了後は、必要な項目だけを同期できます。

iCloudを利用して写真は共有したいが、カレンダーやメールは同期したくない。このように、iCloudをiPhoneに設定したとしても、必ずしもすべての機能が必要というわけではありません。もしiCloudの全機能を利用するわけでないのであれば、必要な項目だけを選択してオンに切り替えることも可能です。ホーム画面で＜設定＞→＜自分の名前＞→＜iCloud＞をタップし、各種サービスをタップすればオン／オフを切り替えられます。この操作は好きなときに何度でも行えるので、それぞれの機能を理解したうえで、必要な項目だけを同期させましょう。

1 ホーム画面で＜設定＞→＜自分の名前＞→＜iCloud＞をタップし、

2 各種サービスの一覧で ○ ● をタップして、オン／オフを切り替えます。

関連 Q.355 パソコンのブラウザとブックマークを同期したい P.203

[iCloud]　6　6 Plus　6s　6s Plus　SE　7　7 Plus　8　8 Plus　X

Q»343 iCloudメールを使いたい

A <設定>アプリでiCloudメールを作成しましょう。

iCloudメールとは、iCloudサービスに登録することで取得できるメールアカウントです。利用時のドメインは、「@icloud.com」となります。アカウントを取得する場合は、ホーム画面から<設定>→<自分の名前>→<iCloud>をタップし、<メール>をオンに切り替えます。<作成>をタップし、「@icloud.com」の前の部分に任意のメールアドレスを入力します。作成後は変更できないので、慎重に決めましょう。最後に<次へ>→<完了>をタップすれば、iCloudメールの設定は完了です。メールアドレスの作成画面が表示されなかった場合は、すでにiCloudメールを利用可能です。

1 ホーム画面で<設定>→<自分の名前>→<iCloud>をタップし、
2 <メール>をオンに切り替えて、
3 <作成>をタップします。
4 任意のメールアドレスを入力して、
5 <次へ>をタップし、
6 <完了>をタップすれば、設定完了です。

関連 Q.341 iCloudを使いたい　P.196

[マイフォトストリーム]　6　6 Plus　6s　6s Plus　SE　7　7 Plus　8　8 Plus　X

Q»344 マイフォトストリームで写真を共有したい

A <設定>アプリで、<iCloud写真共有>をオンにします。

マイフォトストリームに保存されている写真は、「iCloud写真共有」で指定した相手と共有することができます。<設定>アプリで<iCloud写真共有>をオンに切り替えましょう。そのあと<写真>アプリで<共有>をタップし、＋をタップしたあと、共有アルバム名を入力して<次へ>をタップします。次に、共有したい相手を入力して、<作成>をタップします。作成した共有アルバムに写真を追加すれば、写真を相手と共有できるようになります。なお、マイフォトストリームを利用するには<マイフォトストリームにアップロード>をオンにしておく必要があります。

1 ホーム画面から<設定>→<自分の名前>→<iCloud>→<写真>をタップします。
2 <iCloud写真共有>の○をタップしてオンにします。
3 <写真>アプリで<共有>をタップし、＋をタップして、共有アルバム名を入力します。
4 共有相手の宛先を入力し、
5 <作成>をタップすれば、共有アルバムが作成されます。
6 そのあとに写真を追加すれば、相手と写真を共有できます。

関連 Q.345 iCloudフォトライブラリで写真を共有したい　P.198

197

11 iCloudの便利技

[フォトライブラリ]　6　6 Plus　6s　6s Plus　SE　7　7 Plus　8　8 Plus　X

Q» 345　iCloudフォトライブラリで写真を共有したい

A ＜設定＞アプリで、＜iCloudフォトライブラリ＞をオンにします。

マイフォトストリーム以外にも、iCloudフォトライブラリで写真を共有することができます。iCloudを利用していろいろなiOSデバイスで写真が同期できる点はマイフォトストリームと同じですが、より優れた点がいくつかあります。iCloudフォトライブラリでは、ビデオやお気に入りを同期できます。また＜iPhoneストレージを最適化＞をオンにすれば、iCloud上にフル解像度の写真を保存しつつ、iPhone内の写真サイズを圧縮できます。同じApple IDでサインインすれば、パソコンやiPadなどで共有することもできます。

1 ホーム画面から＜設定＞→＜自分の名前＞→＜iCloud＞→＜写真＞をタップします。

2 ＜iCloudフォトライブラリ＞の○をタップしてオンにします。

3 ＜写真＞アプリで保存している写真がiCloudフォトライブラリに保存されます。

4 同じApple IDでサインインすれば、ほかのiPhoneやiPad、パソコンなどで共有できます。

関連 Q.344　マイフォトストリームで写真を共有したい　…… P.197

[バックアップ]　6　6 Plus　6s　6s Plus　SE　7　7 Plus　8　8 Plus　X

Q» 346　iCloudからサインアウトしたい

A ＜サインアウト＞をタップします。

iCloudのアカウントは、＜設定＞アプリからサインアウトできます。ホーム画面から＜設定＞→＜自分の名前＞→＜iCloud＞をタップしたあと、＜サインアウト＞→＜サインアウト＞をタップします。コピーを残す項目をタップしてオンにし、＜サインアウト＞をタップすれば、iCloudカレンダーのデータなどは継続して保存され、＜iPhoneから削除＞をタップすれば、完全に消去されます。

1 ＜設定＞→＜自分の名前＞→＜iCloud＞→＜サインアウト＞→＜サインアウト＞をタップします。

Apple IDのパスワードを求められたらパスワードを入力し、＜オフにする＞をタップします。

2 ＜サインアウト＞をタップすると、

3 iPhoneに設定したiCloudアカウントからサインアウトできます。

関連 Q.341　iCloudを使いたい　…… P.196

[バックアップ] 6 6 Plus 6s 6s Plus SE 7 7 Plus 8 8 Plus X

パソコンなしでバックアップしたい

A iCloudバックアップを有効にします。

iPhone は、パソコンのiTunes と同期する際に、自動でパソコンにバックアップを作成しています。しかし、パソコンと接続しなければバックアップが取れないというのはやや面倒です。

iCloud ならば、パソコンなしでiPhoneのデータをバックアップすることができます。バックアップできる項目は、写真／アカウント／書類／設定などです。iTunes StoreやApp Storeで購入していない音楽や動画などのデータは、iCloud ではバックアップすることができないので注意しましょう。iPhone が電源に接続されている状態で画面がロック中、なおかつ無線LAN接続という条件下で、iCloud に自動的にバックアップされるようになります。

1 ホーム画面から＜設定＞→＜自分の名前＞→＜iCloud＞をタップし、

2 ＜iCloudバックアップ＞をタップして、

3 ＜iCloudバックアップ＞の ○ をタップしてオンに切り替え、

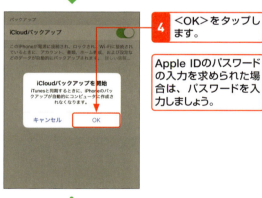

4 ＜OK＞をタップします。

Apple IDのパスワードの入力を求められた場合は、パスワードを入力しましょう。

5 バックアップが有効になったら、＜今すぐバックアップを作成＞をタップしてバックアップを作成しましょう。

[バックアップ] 6 6 Plus 6s 6s Plus SE 7 7 Plus 8 8 Plus X

Q» 348 バックアップから復元したい

A iCloudからバックアップを復元させます。

iCloudにバックアップを取っておくと（Q.347参照）、iPhoneをリセットした際に、データを復元することができます。初期設定画面で＜iCloudバックアップから復元＞をタップし、Apple IDとパスワードを入力したら、＜次へ＞→＜バックアップ＞をタップします。パスワードを入力して、＜次へ＞をタップします。

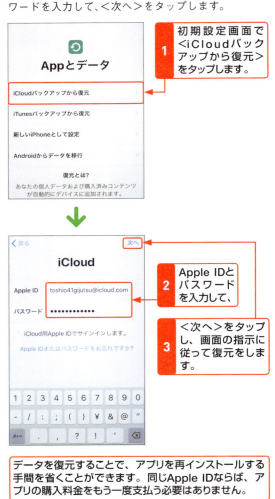

1 初期設定画面で＜iCloudバックアップから復元＞をタップします。

2 Apple IDとパスワードを入力して、

3 ＜次へ＞をタップし、画面の指示に従って復元をします。

データを復元することで、アプリを再インストールする手間を省くことができます。同じApple IDならば、アプリの購入料金をもう一度支払う必要はありません。

関連 Q.347 パソコンなしでバックアップしたい …… P.199

[バックアップ] 6 6 Plus 6s 6s Plus SE 7 7 Plus 8 8 Plus X

Q» 349 バックアップを削除したい

A iCloudの設定メニューからバックアップを削除します。

iCloudにバックアップを随時保存していくと、iCloud内のストレージ容量が圧迫されていきます。必要最低限のバックアップを残して、不要なバックアップを削除することで、iCloud内の容量を確保することができます。

1 ＜設定＞→＜自分の名前＞→＜iCloud＞→＜ストレージを管理＞→＜バックアップ＞をタップします。

2 「情報」画面で不要なバックアップを選択し、

3 ＜バックアップを削除＞をタップして、

4 ＜オフにして削除＞をタップします。

関連 Q.347 パソコンなしでバックアップしたい …… P.199

[容量]　　　　　　　　　　　　　　　　　　　6　6 Plus　6s　6s Plus　SE　7　7 Plus　8　8 Plus　X

Q»350 iCloudの容量を増やしたい

A 有料でストレージ容量を追加することができます。

iCloudの容量は有料で追加できます。ホーム画面から＜設定＞→＜自分の名前＞→＜iCloud＞→＜ストレージを管理＞→＜ストレージプランを変更＞をタップしたあと、任意の有料プランをタップして、＜購入する＞をタップしましょう。それぞれ月額130円（50GB）、400円（200GB）、1,300円（2TB）で、いつでも変更可能です。

1 ＜購入する＞をタップし、

2 Apple IDのパスワードを入力して＜OK＞をタップすると、ストレージの容量が追加されます。

[容量]　　　　　　　　　　　　　　　　　　　6　6 Plus　6s　6s Plus　SE　7　7 Plus　8　8 Plus　X

Q»351 iCloudを無効にしたい

A サービスを部分的に無効にすることはできます。

iCloud全体を無効にするためには、基本的にサービスからサインアウトするしか方法はありません。ホーム画面から＜設定＞→＜自分の名前＞→＜iCloud＞をタップし、サービスの一覧画面でメールや連絡先などをタップしてオフに切り替えていくことで、部分的にiCloudを無効にすることも可能です。

1 ホーム画面から＜設定＞→＜自分の名前＞→＜iCloud＞をタップし、

2 サービス一覧からサービスを無効にしていくことで、部分的にiCloudを無効にできます。

[iCloud Drive]　　　　　　　　　　　　　　　　6　6 Plus　6s　6s Plus　SE　7　7 Plus　8　8 Plus　X

Q»352 iCloud Driveって何？

A iCloud内にあらゆる種類のファイルが保存できる機能です。

iCloud Driveとは、iOS 8.0からiCloudに追加された機能です。iCloud Driveには15GB未満でiCloudストレージ容量内であれば、どのようなファイルでも保存することができます。保存したファイルは、同じiCloudアカウントを登録しているデバイスから閲覧、編集などをすることができます。

Q.353を参考にiCloud.comにアクセスして、＜iCloud Drive＞をクリックするとiCloud Driveが利用できます。

11 iCloudの便利技

[iCloud.com] 6 6 Plus 6s 6s Plus SE 7 7 Plus 8 8 Plus X

Q»353 iCloud.comって何？

A Webブラウザから、iCloudのデータを管理できます。

出先のパソコンから、iCloud のメールやドキュメントファイルを確認したい―― そんなときに便利なのが、iCloudのWebサイト「iCloud.com」です。
利用に際しては初期設定が必要となります。「https://www.icloud.com/」にアクセスし、Apple IDのパスワードを入力して⮕をクリックします。＜言語＞を「日本語」に設定し、＜タイムゾーン＞を「日本標準時」に設定しましょう。＜iCloudを使って開始＞をクリックすれば、iCloud.com のサインインが完了します。ここまではWindows、Mac とも共通ですが、Windows ではこのあとアドオンのインストールを求められる場合があります。その場合は＜インストール＞をクリックし、「アドオンインストーラー」画面で＜インストールする＞をクリックします。最後にログイン画面が表示されるので、パスワードを入力して再度ログインします。

1 Webブラウザで「https://www.icloud.com/」にアクセスし、

2 Apple IDとパスワードを入力して⮕をクリックして、

3 ＜言語＞を「日本語」に、＜タイムゾーン＞を「日本標準時」に設定します。

4 ＜iCloudを使って開始＞をクリックすれば、iCloud.comのサインインは完了です。

関連 Q.352 iCloud Driveって何? P.201

[Windows用iCloud] 6 6 Plus 6s 6s Plus SE 7 7 Plus 8 8 Plus X

Q»354 Windows用iCloudをインストールしたい

A AppleのWebサイトからダウンロードが可能です。

Mac（OS High Sierra）には、はじめからiCloud との連携機能が組み込まれています。しかし、WindowsでiCloudを使うには、Windows 用iCloud が必要になります。まずは「https://support.apple.com/ja-jp/HT204283」にアクセスして、Windows用iCloudのインストーラーをダウンロードしましょう。Web サイトにアクセスしたら、＜ダウンロード＞をクリックしてファイルを保存します。ダウンロードした＜iCloudSetup＞をダブルクリックしてインストールすると、WindowsでiCloudが利用できるようになります。

1 Webブラウザで「https://support.apple.com/ja-jp/HT204283」にアクセスして、

2 ＜ダウンロード＞をクリックし、ファイルを保存します。

3 パソコンにダウンロードした＜iCloudSetup＞をダブルクリックし、インストールを行います。

関連 Q.341 iCloudを使いたい P.196

[ブックマーク]　　　　　　　　　　　　　　　　　6　6 Plus　6s　6s Plus　SE　7　7 Plus　8　8 Plus　X

Q»355 パソコンのブラウザとブックマークを同期したい

A WindowsのiCloudから同期します。

WindowsパソコンにiCloudをインストールすると、Internet ExplorerやGoogle Chromeなどのブラウザとi Phoneの＜Safari＞アプリのブックマーク（お気に入り）が同期されます。パソコンのiCloudで＜ブックマーク＞にチェックを付けて、オプションで同期したいブラウザを選択すると、ブックマークとの同期が有効になります。設定後は＜適用＞→＜統合＞をクリックして設定が完了します。なお、2017年11月現在、Microsoft Edgeは未対応です。

関連 Q.354 Windows用iCloudをインストールしたい …… P.202

Q.356 失くしたiPhoneを探したい

[iPhoneを探す] 6 6 Plus 6s 6s Plus SE 7 7 Plus 8 8 Plus X

A iCloud.comの「iPhoneを探す」機能を使います。

iCloudでは、紛失したiPhoneの現在位置などを表示する「iPhoneを探す」機能を利用できます。iCloud.comにアクセスして、＜iPhoneを探す＞をクリックすると、地図上にiPhoneの位置が表示されます。地図に表示されるだけでなく、＜サウンドを再生＞をクリックして、iPhoneから音を出すことができます。＜iPhoneの消去＞をクリックすると、iPhoneからデータを削除できます。また、＜紛失モード＞からiPhoneにロックをかけることもできます（Q.357参照）。

1 ホーム画面から＜設定＞→＜自分の名前＞→＜iCloud＞→＜iPhoneを探す＞をタップします。

2 ＜iPhoneを探す＞の をタップしてオンにします。

↓

3 iPhoneを失くしてしまった場合、パソコンでiCloud.comにサインインをして＜iPhoneを探す＞をクリックします。

4 パスワードを入力して＜サインイン＞をクリックすると、iPhoneのある場所が地図に表示されます。

関連 Q.357 失くしたiPhoneにロックをかけたい ……… P.204

Q.357 失くしたiPhoneにロックをかけたい

[iPhoneを探す] 6 6 Plus 6s 6s Plus SE 7 7 Plus 8 8 Plus X

A iCloud.comからリモート操作ができます。

iCloud.comでは、リモート操作でiPhoneにロックをかけることができます。iCloud.comでiPhoneの位置を確認したら、 をクリックして、＜紛失モード＞をクリックします。設定が完了すると、iPhoneにロックがかかると同時に、連絡先の電話番号とメッセージが表示され、見つけた人から連絡が届きやすくなります。

1 Q.356を参考にiPhoneの位置を表示し、 をクリックして、＜紛失モード＞をクリックします。

2 連絡先の電話番号を入力して＜次へ＞をクリックし、メッセージを入力して＜完了＞をクリックします。

↓

3 iPhoneの画面に電話番号とメッセージが表示されます。

4 iPhoneが見つかったときは、設定されたパスコードを入力すると、紛失モードを解除できます。

関連 Q.356 失くしたiPhoneを探したい ……… P.204

第**12**章

iPhoneを
もっと使いこなす便利技

358		Apple ID
359 >>> 362		設定
363 >>> 364		Touch ID & Face ID
365 >>> 366		パスコード
367 >>> 369		機能制限
370 >>> 374		Apple Pay・Wallet
375 >>> 380		機能
381 >>> 383		リセット・バージョンアップ

[Apple ID]

6　6 Plus　6s　6s Plus　SE　7　7 Plus　8　8 Plus　X

Q 358 Apple IDを作りたい

A　iPhoneを使って無料で作成できます。

Apple IDはApple公式Webサイトのほか、iTunesやiPhoneから作成できます。料金などは一切かかりません。1つあればiCloudを始めとするApple提供のサービスをすべて利用できるようになるので、ぜひ取得しておきましょう。ここでは、iPhoneでApple IDを作成する方法について説明します。

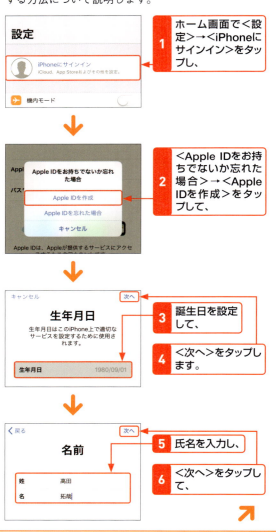

1　ホーム画面で＜設定＞→＜iPhoneにサインイン＞をタップし、

2　＜Apple IDをお持ちでないか忘れた場合＞→＜Apple IDを作成＞をタップして、

3　誕生日を設定して、

4　＜次へ＞をタップします。

5　氏名を入力し、

6　＜次へ＞をタップして、

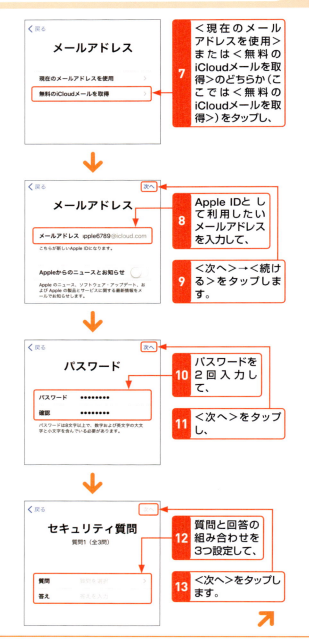

7　＜現在のメールアドレスを使用＞または＜無料のiCloudメールを取得＞のどちらか（ここでは＜無料のiCloudメールを取得＞）をタップし、

8　Apple IDとして利用したいメールアドレスを入力して、

9　＜次へ＞→＜続ける＞をタップします。

10　パスワードを2回入力して、

11　＜次へ＞をタップし、

12　質問と回答の組み合わせを3つ設定して、

13　＜次へ＞をタップします。

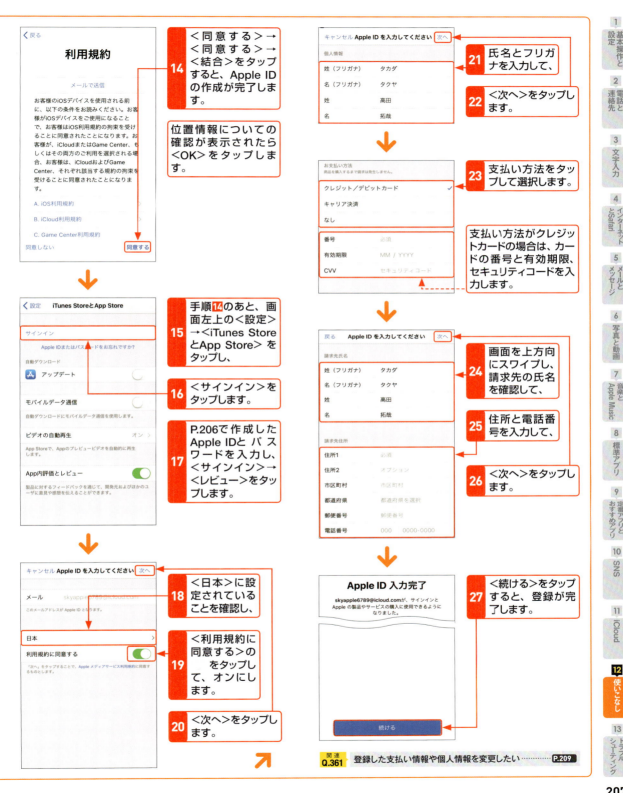

[設定] 6 6 Plus 6s 6s Plus SE 7 7 Plus 8 8 Plus X

Q359 iPhoneは海外でも使える？

A 海外向けの定額サービスを使いましょう。

特別な手続きや設定をしなくても、普段通りに多くの国でiPhoneを使うことは可能です。ただし通話料やパケット通信料が通常よりも高額になります。海外でパケット通信を利用するときは、ソフトバンクの場合は、まず海外パケットし放題アプリをインストールして使用しましょう。さらにiPhone 6／6 Plus以降の機種の場合、アメリカ本土などにいても、国内とほぼ同料金で電話やインターネットを利用できる「アメリカ放題」のサービスを利用できます。auの場合は、「世界データ定額」や「海外ダブル定額」の設定をしたうえで、対象事業者に接続します。ドコモの場合は「パケット定額サービス」などを契約していれば、自動的に「海外パケ・ホーダイ」を利用できます。「アメリカ放題」を除き、どのサービスも音声通話は対象外です。また、適用される国や地域もサービスによって異なるので、注意しましょう。

また、データ通信を無線LANのみに制限することで、パケット通信料がかさむのを防げます。

au

定額980円で海外の対象の国で日本でのデータ量がそのまま使える「世界データ定額」サービスがあります。利用には、データチャージ（無料）への加入が必要です。

ソフトバンク

定額980円でアメリカ本土やハワイなどからでも、通話やデータ通信、メールがし放題の「アメリカ放題」サービスがあります。ほかのキャリアと違い、通話もできることが特徴です。

ドコモ

最大2,980円で速度制限を気にすることなく使える「海外パケ・ホーダイ」サービスがあります。制限速度の心配がなく、テザリングを活用すればみんなで利用できます。

関連 Q.111 モバイルデータ通信を制限するには ……… P.78

[設定] 6 6 Plus 6s 6s Plus SE 7 7 Plus 8 8 Plus X

Q360 iPhoneを片手で操作できるようにしたい

A ホームボタンの有無で操作が異なります。

一部のiPhoneは、片手での操作がしやすくなるよう、画面の表示位置を変更することができます。ホームボタンを軽く2回続けて触ると、画面が全体的に下方向へスライドします。これによりホーム画面のアイコンをタップしてアプリを起動したり、Webページを上下にスワイプして記事を閲覧することができます。なお、iPhone Xの場合は、画面下部を下方向にスワイプすると、画面の表示位置が変更されます。

1 ホームボタンを軽く2回、触れる（iPhone Xの場合は、画面下部を下方向にスワイプする）と、

2 画面が全体的に下方向へスライドします。

関連 Q.026 ホーム画面を表示したい ……… P.35

[設定] 6 6 Plus 6s 6s Plus SE 7 7 Plus 8 8 Plus X

Q 361 登録した支払い情報や個人情報を変更したい

A ＜設定＞アプリを使って再設定します。

支払い方法や請求先住所は、個人情報同様、＜設定＞アプリを使っていつでも変更できます。ホーム画面の＜設定＞→＜iTunes StoreとApp Store＞→＜Apple ID＞→＜Apple IDを表示＞をタップし、パスワードを入力して＜サインイン＞をタップすると、アカウント情報が表示されます。＜お支払情報＞をタップすると、支払い情報の編集画面が表示されるので、内容を変更します。＜完了＞をタップすれば、変更した支払い情報が再度登録されます。

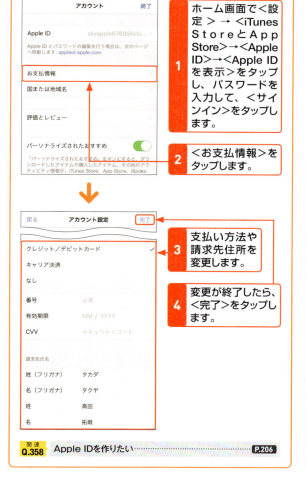

1. ホーム画面で＜設定＞→＜iTunes StoreとApp Store＞→＜Apple ID＞→＜Apple IDを表示＞をタップし、パスワードを入力して、＜サインイン＞をタップします。
2. ＜お支払情報＞をタップします。
3. 支払い方法や請求先住所を変更します。
4. 変更が終了したら、＜完了＞をタップします。

関連 Q.358 Apple IDを作りたい …… P.206

[設定] 6 6 Plus 6s 6s Plus SE 7 7 Plus 8 8 Plus X

Q 362 iPhone本体の使用可能容量を確認したい

A iPhoneで確認します。

写真や動画を撮影して保存したり、音楽やアプリをダウンロードするたびに、iPhone本体の容量は減っていきます。この容量には限りがあり、過去のデータを破棄しないといずれゼロになります。どれだけのデータが保存できるのかは、設定画面から確認できます。ホーム画面で＜設定＞→＜一般＞→＜iPhoneストレージ＞をタップして使用中の容量と空き容量を表示します。使用状況には、本体にダウンロードしたアプリとその容量が一覧で表示されます。不要なアプリや容量の大きいアプリをタップして＜Appを削除＞をタップすると、そのアプリのデータはすべて削除されます。

1. ホーム画面で＜設定＞→＜一般＞→＜iPhoneストレージ＞をタップし、
2. 削除したいアプリをタップします。
3. ＜Appを削除＞をタップすると、アプリが削除されます。

[Touch ID&Face ID]　　　　　　　　　　　　　　　　6　6 Plus　6s　6s Plus　SE　7　7 Plus　8　8 Plus　X

Q.363 指紋認証や顔認証をiPhoneに設定したい

A ＜設定＞アプリから登録を行えます。

iPhoneには、「Touch ID」と呼ばれる指紋認証機能が用意されています。Touch IDを設定すれば、ホームボタンを指で押すだけでiPhoneのロックを解除したり、＜iTunes Store＞アプリや＜App Store＞アプリからApple IDを入力せずに、コンテンツをダウンロードできるようになります。Touch IDはアクティベーション（Q.015参照）を行うときのほか、＜設定＞アプリからも登録できます。ここでは後者の方法を解説します。認証用の指紋は最大5つまで設定可能なので、大事な知り合いの指紋のほか、ロックの解除がやりやすいように、親指や人差し指など自身の複数の指紋を登録しておくとよいでしょう。なお、iPhone Xではホームボタン廃止に伴い、Touch IDが廃止になりました。新しく顔認証の「Face ID」が登場しましたので、そちらの設定方法も解説します。

Touch IDを設定する

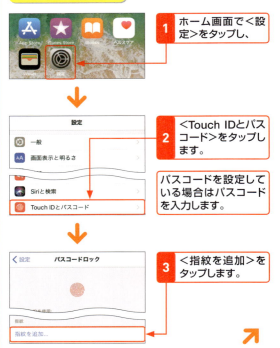

1. ホーム画面で＜設定＞をタップし、
2. ＜Touch IDとパスコード＞をタップします。パスコードを設定している場合はパスコードを入力します。
3. ＜指紋を追加＞をタップします。

4. Touch IDの登録画面が表示されるので、ホームボタンに触れる、離すをくり返します。

5. 確認画面が表示されたら＜続ける＞をタップします。

6. Touch IDの登録が完了します。＜続ける＞をタップします。

7. Touch IDが利用できないときのため、パスコードを設定します。6桁のパスコードを入力します。

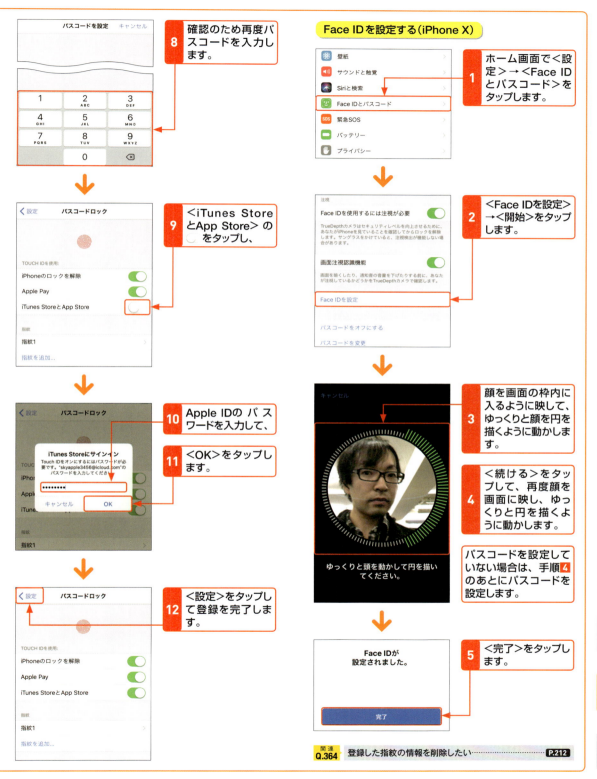

[Touch ID&Face ID]　　　　　　　　　　　　　　6 | 6 Plus | 6s | 6s Plus | SE | 7 | 7 Plus | 8 | 8 Plus | X

Q» 364 登録した指紋の情報を削除したい

A 登録した指紋の＜指紋を削除＞をタップします。

間違えて違う指の指紋を登録してしまったときなど、指紋の情報が不要になった場合は、登録した指紋を削除しましょう。ホーム画面から＜設定＞→＜Touch IDとパスコード＞をタップして、パスコードを入力します。削除したい指紋をタップして、＜指紋を削除＞をタップすると、指紋の情報を削除できます。なお、iPhone Xの場合は、Face IDを削除します。

1 ホーム画面で＜設定＞をタップし、

3 パスコードを入力して、

4 削除したい指紋をタップし、

Face IDを削除する場合は、＜Face IDをリセット＞をタップします。

2 ＜Touch IDとパスコード＞（iPhone Xの場合は、＜Face IDとパスコード＞）をタップします。

5 ＜指紋を削除＞をタップすると、iPhoneに登録した指紋の情報が削除されます。

関連 Q.363 指紋認証や顔認証をiPhoneに設定したい……… P.210

[パスコード]   6 6 Plus 6s 6s Plus SE 7 7 Plus 8 8 Plus X

Q» 365 iPhoneにパスコードを設定したい

A <設定>アプリをタップし、<Touch IDとパスコード>をタップします。

iPhoneには、ロックを解除するためのパスコードを設定できます。ホーム画面で<設定>→<Touch IDとパスコード>をタップし、<パスコードをオンにする>をタップして、6桁の同じ番号を2回入力します。パスコードを変更したい場合は「パスコードロック」画面で<パスコードを変更>をタップし、解除したい場合は<パスコードをオフにする>をタップしましょう。Touch IDを利用している場合、パスコードをオフにするとTouch IDも自動的にオフになるので注意しましょう。

1. ホーム画面で<設定>→<Touch IDとパスコード>をタップし、
2. <パスコードをオンにする>をタップして、
3. 6桁の番号を2回入力します。

[パスコード]   6 6 Plus 6s 6s Plus SE 7 7 Plus 8 8 Plus X

Q» 366 パスコードの設定を変更したい

A 「パスコードロック」画面で<パスコードを要求>をタップします。

一度パスコードを入力したら、一定時間は入力しなくてよい設定にもできます。「パスコードロック」画面で<パスコードを要求>をタップし、任意の時間をタップしましょう。また<データを消去>をオンに切り替えると、入力を10回失敗した場合、iPhoneのデータがすべて消去されるように設定できます。

1. ホーム画面で<設定>→<Touch IDとパスコード>をタップし、
2. <パスコードを要求>をタップして、
3. 任意の時間をタップします。

[機能制限]   6 6 Plus 6s 6s Plus SE 7 7 Plus 8 8 Plus X

Q» 367 利用できるアプリを制限したい

A 「機能制限」画面で制限するアプリをオフにします。

iPhoneには、利用できるアプリを制限できる機能があります。ホーム画面で<設定>→<一般>→<機能制限>→<機能制限を設定>をタップし、4桁の同じ番号を2回入力して、制限したいアプリをタップしてオフにしましょう。オフにすると、ホーム画面のアプリのアイコンも消えます。なお、アプリのレーティングを設定するには、「機能制限」画面で<App>をタップし、任意の年齢制限指定をタップします。

1. 「機能制限」画面で<機能制限を設定>をタップし、
2. 4桁の番号を2回入力して、制限したいアプリの◯をタップして、オフにします。

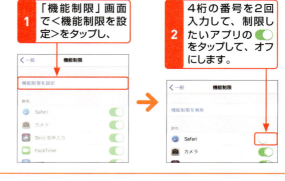

213

12 iPhoneをもっと使いこなす便利技

[機能制限] 6 6 Plus 6s 6s Plus SE 7 7 Plus 8 8 Plus X

Q»368 利用できる機能を制限したい

A 「機能制限」画面で制限する機能をオフにします。

iPhoneには、アプリを制限する（Q.367参照）以外にも、iPhoneの機能を制限することができます。たとえば、位置情報サービスのオン／オフを切り替えたり、アプリごとに機能の許可を設定することもできます。ホーム画面で＜設定＞→＜一般＞→＜機能制限＞→＜機能制限を設定＞をタップし、4桁の同じ番号を2回入力して、制限したい機能をタップして設定します。

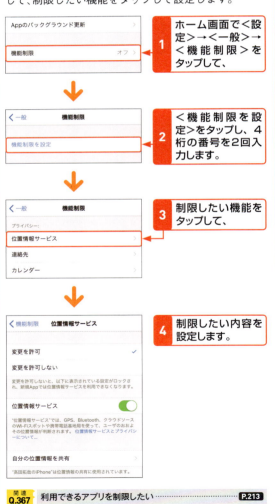

関連 Q.367 利用できるアプリを制限したい ……… P.213

[機能制限] 6 6 Plus 6s 6s Plus SE 7 7 Plus 8 8 Plus X

Q»369 勝手にアプリを購入できないようにしたい

A 「iTunes StoreとApp Store」画面で「パスワードの設定」をタップします。

勝手にアプリを購入できないようにするには、アプリ購入時に毎回パスワードを入力するように設定しましょう。無料アプリをインストールするときにもパスワードを要求することができます。ホーム画面で＜設定＞→＜iTunes StoreとApp Store＞→＜パスワードの設定＞→＜常に要求＞をタップし、＜パスワードを要求＞をオンにします。

関連 Q.313 iPhoneにアプリをインストールしたい ……… P.180

[Apple Pay・Wallet]　6　6 Plus　6s　6s Plus　SE　7　7 Plus　8　8 Plus　X

Q»370 Apple Payって何？

A iPhoneでさまざまな支払いができる機能です。

Apple Payは、クレジットカードなどのカード情報をiPhoneに登録することで、iPhoneからさまざまな料金の支払いを可能にする機能です。日本でも2016年10月25日から、iPhone 6以降の機種とiPhone SEで利用可能になりました（店舗や交通機関の支払いはiPhone 7以降の機種）。Suicaの登録はとてもかんたんで、SuicaのカードのうえにiPhoneを置くだけです（Q.371参照）。クレジットカードの登録もカメラを使うことでかんたんに行えます（Q.374参照）。なお、Apple Payを利用するには、Touch IDまたはパスコードを登録している必要があります。

1. ホーム画面で＜Wallet＞をタップすると、

2. ＜Wallet＞アプリが起動します。

＜Wallet＞アプリでApple Payの機能が使えます。

関連 Q.365　iPhoneにパスコードを設定したい　P.213

[Apple Pay・Wallet]　6　6 Plus　6s　6s Plus　SE　7　7 Plus　8　8 Plus　X

Q»371 iPhoneにSuicaを登録するには

A SuicaにiPhoneの上部を重ねて登録します。

iPhoneにSuicaを登録するには、＜Wallet＞アプリを起動します。ホーム画面で＜Wallet＞→＜カードを追加＞をタップし、Apple IDを入力して＜OK＞をタップします。＜続ける＞→＜Suica＞をタップし、SuicaのID番号とMy Suicaの場合は生年月日を入力して、＜次へ＞→＜同意する＞をタップします。平らなところで、SuicaにiPhoneの上部を重ねて、＜次へ＞→＜完了＞をタップして登録します。また、＜Suica＞アプリから新規にSuicaを登録することもできます。

1. ホーム画面で＜Wallet＞→＜カードを追加＞をタップし、

2. Apple IDを入力して＜OK＞をタップします。

3. ＜続ける＞→＜Suica＞をタップして、

4. SuicaのID番号を入力します（My Suicaの場合は生年月日も入力します）。

5. ＜次へ＞→＜同意する＞をタップして、

6. SuicaにiPhoneの上部を重ねます。

7. ＜次へ＞→＜完了＞をタップします。

関連 Q.372　iPhoneでSuicaを利用するには　P.216

[Apple Pay・Wallet] 6 6 Plus 6s 6s Plus SE 7 7 Plus 8 8 Plus X

Q372 iPhoneでSuicaを利用するには

A iPhoneをリーダーにかざします。

iPhoneでSuicaを利用する場合は、2つの方法があります。駅の自動改札では、改札のリーダーにSuicaを登録したiPhoneをかざすだけで通ることができます。店舗でSuicaによる決済をする場合は、指紋（iPhone Xでは顔）やパスコードの認証をしてからリーダーにかざし、決済音が鳴れば精算ができます。Suicaで決済を行う場合は、iPhoneをリーダーにかざす前に、「Suicaで決済する」ことを店員に伝えましょう。また、iPhoneでSuicaにチャージをすることもできます。Suica加盟店の各種コンビニやスーパーのレジで、店員に「Suicaに現金でチャージしたい」ことを伝え、チャージ額を指定して支払います。

Suicaを登録したiPhoneをかざすだけで改札を通ることができます。

店舗で決済する場合は、指紋（iPhone Xでは顔）やパスコードの認証をしてからリーダーにかざします。

関連 Q.371 iPhoneにSuicaを登録するには ……… P.215

[Apple Pay・Wallet] 6 6 Plus 6s 6s Plus SE 7 7 Plus 8 8 Plus X

Q373 Walletのパスって何？

A Wallet内のクーポンやチケットをパスといいます。

Walletでは、パスと呼ばれるお店のクーポンや航空機などの搭乗券、チケット、あるいは会員証やポイントカードといったデータを電子化し、アプリ内で管理することができます。また、Walletの画面を読み込むだけで飛行機へチェックインしたり、クーポンを店舗で利用したりすることが可能です。Walletに対応したアプリをインストールしていれば、そのアプリから発行されるクーポンやチケットなどをWalletに追加することもできます。iPhoneがスリープ状態になっていなければ、お店などのスポットを訪れた際に、その場所で使用できるクーポンが自動的に通知されます。それぞれのデータは、Walletに対応するWebページなどからWalletに保存します。

1 Walletに対応しているWebページを開き、＜Add to Apple Wallet＞をタップします。

2 ＜追加＞をタップすれば、Walletにデータが保存されます。

[Apple Pay・Wallet]

Q 374 クレジットカードを追加したい

A ＜Wallet＞アプリにクレジットカードを登録します。

＜Wallet＞アプリにはSuicaのほかに、クレジットカードを追加して、決済することができます。クレジットカードを登録するには、ホーム画面で＜Wallet＞→＜カードを追加＞→＜クレジット／プリペイドカード＞をタップします。次の画面でクレジットカードをiPhoneのカメラで写し、カード情報を入力し、＜次へ＞→＜同意する＞→＜次へ＞をタップします。カード認証を行うと登録が完了します。また、クレジットカードを登録すると、Suicaと同様に店舗でiPhoneで精算ができます。店員に「iD」または「QUICPay」を利用することを伝え、指紋かパスコードの認証をして、iPhoneをリーダーにかざします。決済音が鳴ったら精算が完了します。

1 ホーム画面で＜Wallet＞→＜カードを追加＞をタップし、

2 ＜クレジット／プリペイドカード＞をタップします。

3 iPhoneのカメラでクレジットカードを写します。

4 名前とカード番号を入力して、

5 ＜次へ＞をタップし、有効期限とセキュリティコードを入力して＜次へ＞をタップします。

6 ＜同意する＞→＜次へ＞をタップします。

7 画面の指示に従って、カード認証を行います。

QUICPayやiD決済に対応しているカードであれば、ほとんどのクレジットカードは＜Wallet＞アプリに登録できます。また、インターネットやアプリでの支払いは、JCBやMasterCard、American Expressを＜Wallet＞アプリに登録することで使えます。ただし、VISAはインターネットやアプリの支払いに対応していないので、注意が必要です。

関連 Q.375 クレジットカードの情報をカメラで読み取るには ……… P.218

12 iPhoneをもっと使いこなす便利技

Q 375 クレジットカードの情報をカメラで読み取るには

[機能] 6 6 Plus 6s 6s Plus SE 7 7 Plus 8 8 Plus X

A ＜カメラで読み取る＞をタップしてクレジットカードを読み取ります。

Safariでインターネットショッピングなどをする際にクレジットカードを利用する場合、カメラを使ってクレジットカード情報を登録しておくと、自動入力ができて便利です。カメラでクレジットカードを読み取るには、ホーム画面から＜設定＞→＜Safari＞→＜自動入力＞→＜保存済みクレジットカード＞をタップし、パスコードを入力します。＜クレジットカードを追加＞→＜カメラで読み取る＞をタップして、カメラでクレジットカードを読み取ります。読み取った内容に間違いがないことを確認して、＜完了＞をタップすると、登録が完了します。

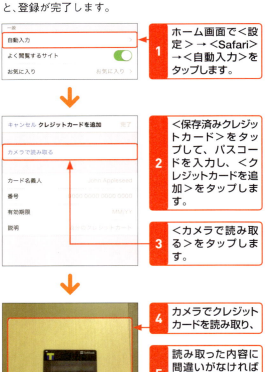

1 ホーム画面で＜設定＞→＜Safari＞→＜自動入力＞をタップします。

2 ＜保存済みクレジットカード＞をタップして、パスコードを入力し、＜クレジットカードを追加＞をタップします。

3 ＜カメラで読み取る＞をタップします。

4 カメラでクレジットカードを読み取り、

5 読み取った内容に間違いがなければ＜完了＞をタップします。

関連 Q.374 クレジットカードを追加したい ……… P.217

Q 376 スクリーンショットを取得するには

[機能] 6 6 Plus 6s 6s Plus SE 7 7 Plus 8 8 Plus X

A ホームボタンの有無で操作が異なります。

iPhoneでスクリーンショットを取得するには、スクリーンショットを撮影したい画面で、ホームボタンとサイドボタンを同時に押します。撮影すると、左下に撮影したスクリーンショットが小さく表示され確認できます。なお、撮影したスクリーンショットは手書きでメモなどを記入することができ、＜写真＞アプリで確認できます。なお、iPhone Xの場合は、サイドボタンと音量ボタンの上のボタンを同時に押して離します。同時に押し続けると、電源オフの画面が表示されるので注意してください。

1 スクリーンショットを撮影したい画面で、ホームボタンとサイドボタン（iPhone Xの場合は、サイドボタンと音量ボタンの上のボタン）を同時に押します。

機種により、電源ボタンの位置が異なります。

2 スクリーンショットを撮影すると、左下にプレビューが表示されます。これをタップすると、

3 撮影したスクリーンショットに、手書きでメモを記入することができます。

[機能] 6 6 Plus 6s 6s Plus SE 7 7 Plus 8 8 Plus X

Q377 通信料や利用料金を確認したい

A 各キャリアのサポートサービスにログインして確認します。

通信料や利用料金を確認したい場合は、ホーム画面で🧭→📖をタップします。ご利用のキャリアがドコモなら＜My docomo（お客様サポート）＞を、auなら＜auサポート＞を、ソフトバンクなら＜My SoftBank＞をタップします。各キャリアのサポート画面が表示されたら、ID（ソフトバンクでは電話番号）とパスワードを入力してログインをし、料金を確認しましょう。

ドコモで通信料や利用料金を確認する場合

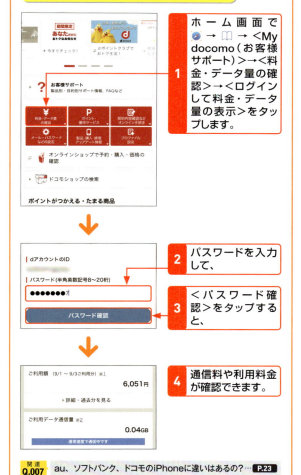

関連 Q.007 au、ソフトバンク、ドコモのiPhoneに違いはあるの？… P.23

[機能] 6 6 Plus 6s 6s Plus SE 7 7 Plus 8 8 Plus X

Q378 iPhone対応の周辺機器を活用したい

A Bluetooth対応機器を接続しましょう。

iPhoneではLightning-USBケーブルで機器を接続するほかに、Bluetoothにも対応しています。たとえばワイヤレスのヘッドセットで音楽を聴くことが可能です。ただし、接続する場合は周辺機器もBluetoothに対応している必要があります。Bluetooth接続をする場合は、ホーム画面で＜設定＞→＜Bluetooth＞をタップします。＜Bluetooth＞をオンに切り替え、「デバイス」から使用したい機器名をタップしましょう。自動的に接続され、利用可能になります。この際、デバイスの電源はオンにしておきましょう。

12 iPhoneをもっと使いこなす便利技

[機能] 6 6 Plus 6s 6s Plus SE 7 7 Plus 8 8 Plus X

Q 379 iPhoneのLEDライトを点灯させるには

A 🔦をタップします。

iPhoneのLEDを点灯させるには、ホーム画面を表示して、画面の一番下から上方向（iPhone Xの場合は、右上から下方向）にスワイプをします。表示されたコントロールセンターから🔦をタップすると、LEDライトが点灯します。消灯したい場合は、再度🔦をタップします。なお、LEDライトを点灯した状態のままにすると、バッテリーの減る時間が早まるので注意が必要です。

1 ホーム画面を表示して、画面の一番下から上方向（iPhone Xの場合は、右上から下方向）にスワイプします。

2 🔦をタップすると、

3 アイコンが明るくなり、LEDライトが点灯します。

関連 Q.036 画面の明るさを変更したい ……… P.40

[機能] 6 6 Plus 6s 6s Plus SE 7 7 Plus 8 8 Plus X

Q 380 アカウント情報を変更できないようにしたい

A 「アカウント」画面で＜変更を許可しない＞をタップします。

アカウント情報などが勝手に変更されると、パスワードが違うものに変更されてしまったりとセキュリティが弱くなってしまいます。アカウント情報を変更できないようにするには、ホーム画面で＜設定＞→＜一般＞→＜機能制限＞→＜機能制限を設定＞をタップし、4桁の同じ番号を2回入力して、アカウントをタップします。＜変更を許可しない＞をタップすると、アカウントの追加、削除、変更ができなくなります。

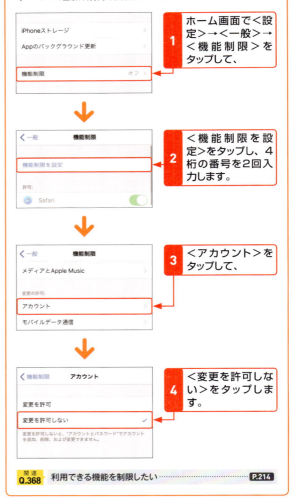

1 ホーム画面で＜設定＞→＜一般＞→＜機能制限＞をタップして、

2 ＜機能制限を設定＞をタップし、4桁の番号を2回入力します。

3 ＜アカウント＞をタップして、

4 ＜変更を許可しない＞をタップします。

関連 Q.368 利用できる機能を制限したい ……… P.214

[リセット・バージョンアップ] 6 6 Plus 6s 6s Plus SE 7 7 Plus 8 8 Plus X

Q.381 iPhoneを出荷時の状態に戻したい

A ＜すべてのコンテンツと設定を消去＞をタップします。

iPhoneのリセットは、＜設定＞から行います。ホーム画面で＜設定＞→＜一般＞→＜リセット＞をタップし、＜すべてのコンテンツと設定を消去＞をタップして、＜iPhoneを消去＞をタップすると、データが初期化されます。ネットワーク設定などだけをリセットすることも可能です。

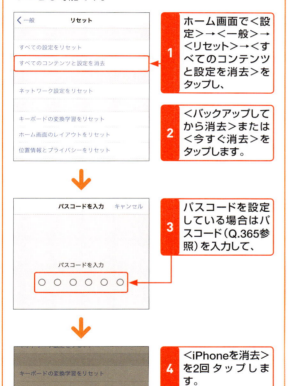

1 ホーム画面で＜設定＞→＜一般＞→＜リセット＞→＜すべてのコンテンツと設定を消去＞をタップし、

2 ＜バックアップしてから消去＞または＜今すぐ消去＞をタップします。

3 パスコードを設定している場合はパスコード（Q.365参照）を入力して、

4 ＜iPhoneを消去＞を2回タップします。

関連 Q.365 iPhoneにパスコードを設定したい ……… P.213

[リセット・バージョンアップ] 6 6 Plus 6s 6s Plus SE 7 7 Plus 8 8 Plus X

Q.382 設定だけを初期化したい

A ＜すべての設定をリセット＞をタップします。

Q.381のように＜すべてのコンテンツと設定を消去＞をタップすると、iPhoneのすべてのデータがリセットされます。データを残したまま、設定のみリセットしたい場合は、ホーム画面で＜設定＞→＜一般＞→＜リセット＞→＜すべての設定をリセット＞をタップします。＜すべての設定をリセット＞でリセットされるものは、各種設定やTouch ID、パスコード、位置情報サービスなどです。Apple IDやメールアカウント、保存している写真や動画や音楽、インストールしたアプリなどはリセットされません。

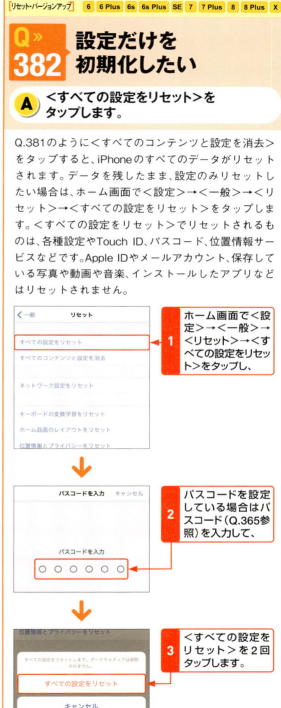

1 ホーム画面で＜設定＞→＜一般＞→＜リセット＞→＜すべての設定をリセット＞をタップし、

2 パスコードを設定している場合はパスコード（Q.365参照）を入力して、

3 ＜すべての設定をリセット＞を2回タップします。

関連 Q.365 iPhoneにパスコードを設定したい ……… P.213

[リセット・バージョンアップ]

Q.383 iOS 11にバージョンアップしたい

A 無線LANまたはiTunesを経由してアップデートします。

iOS 9やiOS 10を搭載しているiPhoneであれば、無線LAN経由（Q.104〜109参照）でiOS 11にアップデートできます。ホーム画面から＜設定＞→＜一般＞→＜ソフトウェアアップデート＞をタップし、手順に従ってアップデートします。iTunesを経由する場合、パソコンにiPhoneを接続するとアップデートに関するウィンドウが表示されるので、＜ダウンロードして更新＞をクリックします。ウィンドウが表示されない場合は、iPhoneを接続したあとに、＜バージョン＞欄にある＜更新＞をクリックすると、手順に従ってアップデートできます。アップデートには数十分〜数時間かかる場合もあります。念のためバックアップ（Q.347参照）をとってから、時間に余裕のあるときにアップデートするようにしましょう。

無線LAN経由でアップデートする

| 関連 Q.104 | 無線LANを使うには何が必要？ | P.74 |
| 関連 Q.347 | パソコンなしでバックアップしたい | P.199 |

第**13**章

iPhone
トラブルシューティング

384 >>> 385	**アプリ**
386	**音**
387 >>> 390	**パスコード・Apple ID**
391 >>> 398	**ユーティリティ**

[アプリ]

6　6 Plus　6s　6s Plus　SE　7　7 Plus　8　8 Plus　X

Q » 384　標準のアプリを消してしまった

A 標準のアプリも<App Store>から再インストールできます。

「リマインダー」や「マップ」、「ボイスメモ」などの標準アプリを間違って消してしまった場合、<App Store>アプリから再インストールできます。<App Store>を起動し、<検索>をタップして、アプリ名を入力して<検索>をタップします。再インストールしたいアプリの⬇をタップすれば再インストールできます。なお、

<App Store>や<Wallet>、<設定>アプリなどは端末から消すことはできません。

1 ホーム画面で<App Store>→<検索>をタップします。

2 アプリ名を入力し、<検索>をタップします。

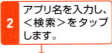

3 ⬇をタップすると、再ダウンロードできます。

iPhoneの標準アプリには「Apple」と表示されています。

[アプリ]

6　6 Plus　6s　6s Plus　SE　7　7 Plus　8　8 Plus　X

Q » 385　アプリが動かなくなった

A アプリを再起動するか、再インストールしましょう。

アプリが突如作動しなくなったときは、Q.318を参考に、アプリを終了/再起動しましょう。直らない場合は、iPhoneの電源を切って再起動します。どうしても改善されなければ、ホーム画面からアプリを削除したあと、もう一度インストールしましょう。なお、有料・無料の区別なく、一度購入したものは無料で再インス

トールできます。

1 ホーム画面でアイコンをロングタッチして、✕をタップします。

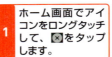

2 <削除>をタップします。

3 <App Store>アプリから再インストールします。

[音]

6　6 Plus　6s　6s Plus　SE　7　7 Plus　8　8 Plus　X

Q » 386　iPhoneから音が出ない

A コネクタを確認したり、電源を切って再起動させましょう。

iPhoneから音が出なくなった場合、まず音量ボタンや着信/サイレントスイッチ（Q.025参照）を確認して、iPhoneの音量設定が消音になっていないかを確認してみましょう。iPhoneを利用していると稀に、サイレントモードに設定していないにも関わらず、突然タップ音などが鳴らなくなることがあります。そうしたと

きは、まずヘッドフォンジャックを確認しましょう。挿入口に入ったゴミをヘッドフォンやイヤホンと誤認識している可能性があります。問題が無ければ、電源を切ってiPhoneを再起動します（Q.016参照）。それでも直らなければ、iPhoneを初期化し、iTunesやiCloudを利用して、iPhoneに保存されていたデータを復元しましょう（Q.348参照）。

1 右方向にスライドして電源オフにし、もう一度電源を入れます。

[パスコード・Apple ID] 6 6 Plus 6s 6s Plus SE 7 7 Plus 8 8 Plus X

Q 387 パスコードを忘れてしまった

A iCloud.comにアクセスして、iPhoneを初期化します。

iPhoneのパスコードの入力は、何度も間違えるとiPhoneにロックがかかってしまいます。パスコードを忘れてしまった場合は、iCloud.com（https://www.icloud.com/）にアクセスして、Apple IDとパスワードを入力してサインインをします。＜設定＞→マイデバイスの自分の端末をクリックして、❌→＜削除＞をクリックし、iCloudからiPhoneを削除して初期化します。初期化したら、iPhoneを起動し、バックアップから復元しましょう。

| 関連 Q.348 | バックアップから復元したい | P.200 |
| 関連 Q.353 | iCloud.comって何？ | P.202 |

[パスコード・Apple ID] 6 6 Plus 6s 6s Plus SE 7 7 Plus 8 8 Plus X

Q 388 パスコードを再設定するには

A ＜パスコードを変更＞をタップします。

ずっと同じパスコードを使っていると、漏えいのリスクが高まり、セキュリティ面で弱くなってしまいます。定期的にパスコードを変更するようにしましょう。パスコードを変更するには、ホーム画面で＜設定＞→＜Touch IDとパスコード＞をタップして、パスコードを入力します。＜パスコードを変更＞をタップして、現在のパスコードと新しいパスコードを2回入力すると、変更が完了します。

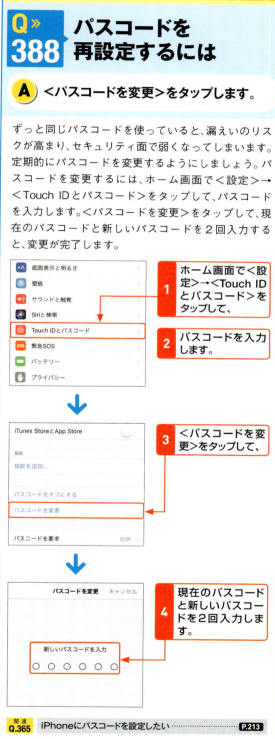

| 関連 Q.365 | iPhoneにパスコードを設定したい | P.213 |

[パスコード・Apple ID]

6　6 Plus　6s　6s Plus　SE　7　7 Plus　8　8 Plus　X

Apple IDのパスワードを忘れてしまった

 パスワードを再設定しましょう。

Apple IDのパスワードを忘れた場合は、パスワードを再設定しましょう。
SafariからAppleのサイトを開き、■をタップし、＜サポート＞をタップします。＜Apple ID＞をタップし、＜パスワードをリセットする＞をタップします。「Apple IDのパスワードを忘れた場合」画面が表示され、状況に応じた対処方法を確認できます。パスワードをリセットする場合は、＜Apple ID アカウント管理ページ＞をタップして、＜Apple ID またはパスワードをお忘れですか？＞をタップして、画面の指示に従います。

「Apple IDのパスワードを忘れた場合」画面で、対処方法を確認できます。

[パスコード・Apple ID]

6　6 Plus　6s　6s Plus　SE　7　7 Plus　8　8 Plus　X

Apple IDを忘れてしまった

 Apple IDを探しましょう。

Apple IDそのものを忘れた場合も、Q.389と同様に＜Apple ID またはパスワードをお忘れですか？＞をタップし、＜Apple ID をお忘れですか？＞→＜こちらで検索できます＞をタップします。名前と苗字を入力し、現在のメールアドレスを入力して、＜続ける＞をタップします。一致するApple IDが見つかった場合は、指示に従って手続きを進めます。

名前と苗字を逆に入力しないように注意しましょう。

現在使っているメールアドレスを入力します。

[ユーティリティ]

6　6 Plus　6s　6s Plus　SE　7　7 Plus　8　8 Plus　X

バッテリーを長持ちさせたい

 利用しないサービスをオフにしたり、画面の明るさを調整しましょう。

iPhoneのバッテリーは、次のことに注意を払えば、比較的長持ちします。
①位置情報サービスの使用を控えるかオフにする
②プッシュ通知をオフにする
③Wi-Fiをオフにする
④Bluetoothをオフにする
⑤画面の明るさを調整する
⑥使わないアプリは完全に終了させる
⑦最新ソフトウェアにアップデートする
どれも些細な内容ですが、意識するとしないでは差が出てきます。ぜひ活用しましょう。

使っていない機能をオフにすると、バッテリーが長持ちします。

[ユーティリティ]

6 6 Plus 6s 6s Plus SE 7 7 Plus 8 8 Plus X

Q» 392 iPhoneが フリーズしてしまった

 A 端末により操作が異なります。

iPhone 8より前の端末では、ホームボタンとスリープ／スリープ解除ボタンを同時に押し続けましょう。この操作でiPhoneが再起動します。その際、作成中のメールなどのデータは破棄されます。なお、この操作は端末によりボタンの位置が異なります。使っている端末のボタンの位置を確認してから、操作を行いましょう。

iPhone 8以降の端末は操作が異なり、音量ボタンの上を押してすぐ離し、音量ボタンの下を押してすぐ離して、サイドボタンをAppleのロゴマークが画面に表示されるまで長押しして、指を離すと再起動します。

ホームボタンとスリープ／スリープ解除ボタンを同時に押し続けます。

[ユーティリティ]

6 6 Plus 6s 6s Plus SE 7 7 Plus 8 8 Plus X

Q» 393 iPhoneを買い替えるときは どうする？

 A 各キャリアの販売店舗か、 オンラインストアで手続きをします。

iPhoneを買い替える場合は、各キャリアの販売店へ足を運び、手続きを行いましょう。予約が必要な機種でなければ、その場で新しい端末を受け取れます。店舗へ出向く手間を省きたいときは、オンラインストアから購入することも可能ですが、その場合は商品の到着まで少し時間がかかります。

auやソフトバンク、ドコモのオンラインストアでも、買い替えは可能です。ただし予約品の場合は、店舗のみの取り扱いとなる場合もあります。

[ユーティリティ]

6 6 Plus 6s 6s Plus SE 7 7 Plus 8 8 Plus X

Q» 394 iPhoneを捨てるには どうしたらいい？

 A 全データを消去し、Appleのリサイクル プログラムを利用します。

不要になったiPhoneは、Appleのリサイクルプログラムを利用して回収してもらえます。各キャリアの販売店へiPhoneを持ち込み、プログラムの適用について相談しましょう。ゴミとして廃棄することも可能ですが、その場合は各自治体の既定に沿った処分を行います。いずれの場合も、必ずiPhoneを初期化してから捨てる

ようにしましょう（Q.381参照）。

リサイクルプログラムの詳細は、AppleのWebサイトで確認できます。

227

13 iPhoneトラブルシューティング

[ユーティリティ] 6 6 Plus 6s 6s Plus SE 7 7 Plus 8 8 Plus X

Q»395 iPhoneを修理に出したい

 Apple Storeへ持ち込みましょう。

もしiPhoneが故障したら、Apple Storeへ持ち込むとよいでしょう。購入から1年間の製品保証期間であれば、無償で修理することができます。Appleの公式Webサイトには、Apple Store以外の持ち込み修理が可能な正規サービスプロバイダの場所などが掲載されているので、ぜひチェックしましょう。そのほか、画面破損のような軽度の故障を独自に修復してくれる店舗もあります。
ただし、正規外の店舗を利用する場合は、万が一の場合にどのような対応をしてくれるのか、Webサイトなどで事前に必ず確認しましょう。

Apple公式Webサイトの「iPhone修理サービスQ&Aセンター」では、修理サービスに関する情報を調べられます。

現在地周辺の正規サービスプロバイダを検索することも可能です。

[ユーティリティ] 6 6 Plus 6s 6s Plus SE 7 7 Plus 8 8 Plus X

Q»396 毎月の通信料を節約したい

 格安SIMを導入してみましょう。

iPhoneは格安SIMにも対応しています。格安SIMを使うと、月額料金が安くなり、今の電話番号がそのまま引き継げるなどのメリットがあります。しかし、キャリアメールが使えなくなるなどのデメリットもあります。格安SIMにも多くの種類があるので、ホームページを閲覧したり、電話やメールで問い合わせるなどして、自分に合った格安SIMサービスを選びましょう。

ドコモ系格安SIM

楽天グループが提供する「楽天モバイル」

au系格安SIM

UQコミュニケーションズが提供する「UQ mobile」

ソフトバンク系格安SIM

ソフトバンクモバイルが提供する「Y!mobile」

ほかにも多数の格安SIMがあります。

[ユーティリティ] 6 6 Plus 6s 6s Plus SE 7 7 Plus 8 8 Plus X

Q 397 iTunesがiPhoneを認識しない

A iOSとiTunesのバージョンが最新か確認します。

iTunesがiPhoneを認識しない場合は、最初に接続を確認しましょう。Lightning-USBケーブルが正しく接続されているかどうかを確認し、もう一回繋ぎ直してみましょう。それでも認識しない場合は、iOSとiTunesのバージョンが古い状態の可能性があります。最新のバージョンに更新することで、iTunesがiPhoneを認識する可能性が高くなります。どうしても認識しない場合は、Appleのサポートへ問い合わせましょう。

iTunesを最新バージョンに更新する

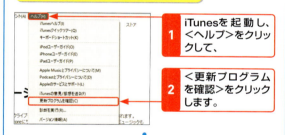

1 iTunesを起動し、＜ヘルプ＞をクリックして、

2 ＜更新プログラムを確認＞をクリックします。

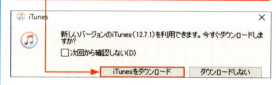

3 最新バージョンがあった場合、＜iTunesをダウンロード＞をクリックします。

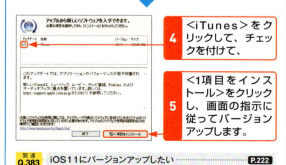

4 ＜iTunes＞をクリックして、チェックを付けて、

5 ＜1項目をインストール＞をクリックし、画面の指示に従ってバージョンアップします。

関連 Q.383 iOS11にバージョンアップしたい ······ P.222

[ユーティリティ] 6 6 Plus 6s 6s Plus SE 7 7 Plus 8 8 Plus X

Q 398 前のバージョンのiOSに戻したい

A iTunesと連携してバージョンを戻します。

iOSのバージョンは、前のバージョンがインターネット上で配布されていれば戻すことが可能です。バージョンを戻す場合は、必ずバックアップを取っておきましょう。
パソコンで前のバージョンのデータをダウンロードしておき、iPhoneとiTunesを繋ぎ、iPhoneの電源を落とします。そのあとに、3秒間サイドボタンを押し、サイドボタンを押したまま音量ボタンの下のボタン（6s以前はホームボタン）を10秒間押し続けます。そして、サイドボタンのみ指を離して数秒待つと、iTunesの画面に「リカバリモードのiPhoneを見つけました」と表示されます。＜OK＞をクリックして、＜iPhoneを復元＞を Shift キーを押しながらクリックします。ダウンロードした前のバージョンのデータを選択して、＜開く＞をクリックし、画面の指示に従って前のバージョンに戻します。なお、この操作はiPhoneの＜iPhoneを探す＞機能をオフにする必要があります。

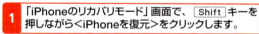

1 「iPhoneのリカバリモード」画面で、 Shift キーを押しながら＜iPhoneを復元＞をクリックします。

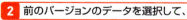

2 前のバージョンのデータを選択して、

3 ＜開く＞をクリックし、画面の指示に従って操作します。

関連 Q.356 失くしたiPhoneを探したい ······ P.204
関連 Q.383 iOS11にバージョンアップしたい ······ P.222

用語集

3D Touch
画面に加えられたタップとは違う圧力を内蔵センサーが感知し、押す力によってさまざまなコンテンツの操作ができる機能。設定をオフにしたり、感度を変更したりすることもできる。

4K動画
4Kとは、横4,000×縦2,000前後の解像度に対応した映像に対する総称。フルハイビジョンの4倍の画素数を誇る。また、裸眼立体視が可能である。

AirDrop
Wi-FiやBluetoothを介して、ほかの端末に連絡先や写真などを送受信できる機能。データは送信時に自動的に暗号化されるため、安全に共有できる。

AirPlay
iTunesやiPhoneなどで再生している音楽や写真を、Wi-Fiを経由またはP2Pでほかの機器でストリーミング再生できる。テレビに映像を映す場合は、Apple TVが必要となる。

AirPods
Appleが開発したワイヤレスのマイク付きイヤホン。加速度センサーと光学センサーの内蔵により、イヤホンの付け外しを感知して、音楽の再生と停止が自動的に行われる。

App Store
Apple製品向けアプリケーションのダウンロードサービス。サードパーティ製のアプリが多数配信されており、ゲームやショッピング、ビジネス関連など、その種類は多岐にわたる。

Apple ID
iTunes StoreやApp Storeなど、Appleのサービスを利用するのに必要となるID。作成にはメールアドレスが必要で、それがIDのユーザー名になる。

Apple Music
月額料金を支払うことで、数千万曲の音楽が聴き放題になるサービス。ストリーミング再生だけでなく、プレイリストに追加したり、オフラインで聴いたりすることもできる。

Apple Pay
Appleの端末を使った決済サービス。クレジットカードやプリペイドカードを登録し、さまざまな場面で買い物ができる。アプリはもちろん、交通機関や実店舗での支払いも可能。

Bluetooth
近距離で機器どうしの通信がワイヤレスで行える通信技術。イヤホンやスピーカー、キーボードなどにも対応した製品が多くあり、iPhoneに接続して利用することができる。

Dock
アプリのアイコンが並ぶホーム画面のすぐ下にあるバーを指す。よく使うアプリなどが表示される、利便性の高い機能。Dockのアプリはカスタマイズすることもできる。

FaceTime
iPhoneやiPadどうしで無料の通話・ビデオ通話ができるAppleのアプリ。利用するにはお互いに設定をオンにする必要がある。

HDR
ハイダイナミックレンジの略。露出の異なる複数枚の写真を合成し、肉眼で見た景色に近い写真に仕上げる。自動でオンとオフが切り替わるため、よりよい写真を撮ることができる。

iBooks
Appleが提供する電子書籍アプリ。マンガや小説、ビジネス書など、さまざまなジャンルの書籍を購入しダウンロードできる。ダウンロードした書籍は、オフラインで読むことが可能。

iCloud
Appleが提供するクラウドサービス。ストレージサービスやデータバックアップ、写真共有、曲やアプリの自動ダウンロードなど、さまざまなサービスを提供する。

iCloud Drive
Appleが提供するクラウドストレージサービス。クラウド上に保存したいデータを、自動ではなく自分で追加することができる。iCloudのバックアップでは行えないデータの編集も可能。

iCloudメール
Apple IDの取得により利用できる無料メールアドレス。iCloudのサーバー上

にメールが保管される。未読・既読の状態も同期されるため、どこからでもメールの確認が可能。

iMessage

「メッセージ」アプリで行う無料のメッセージサービス。チャット形式でやり取りができ、写真や動画、手書き文字なども送受信できる。利用には電話番号またはメールアドレスが必要。

iOS

Apple が提供する OS で、Apple 製品の基本となるシステム。iOS が動作している機器を iOS 端末という。iOS 用のアプリは Android 端末では使用できない。

iTunes

Apple が提供する、音楽・映画などのコンテンツを購入・管理し、再生できるメディアプレーヤー。同じ Apple ID で同期すれば、ほかの iOS 搭載端末とコンテンツを共有できる。

iTunes Store

Apple が提供する、音楽・映画などのコンテンツを購入・管理・視聴できるサービス。iPhone の場合は、購入した音楽を専用の＜ミュージック＞アプリで再生・管理することになる。

iTunesカード

コンビニや家電量販店などで販売されているプリペイドカード。カードの金額を Apple ID にチャージすれば、App Store や iTunes Store で販売されているアプリや音楽を購入できる。

iTunesギフト

iTunes カードとしくみが同じプリペイドカード。iTunes Store から購入することも可能。メールを使って、友達や家族にプレゼントできる。メッセージを添えることも可能。

Lightning-USBケーブル

Lightning コネクタを持つ iPhone などの iOS 端末をパソコンにつないで同期したり、電源アダプタにつないでコンセントから充電したりできる USB ケーブル。

Lightningコネクタ

Dock コネクタを置き換える形で、iPhone 5 以降の端末に採用されている、Apple 独自のコネクタ規格。裏表リバーシブルなので、向きを気にせず差し込めるのが利点。

Live Photos

カメラのシャッターボタンを押す 1.5 秒前、押したあと 1.5 秒の合計 3 秒の映像と音を記録し、動く写真を撮影できる＜カメラ＞アプリの機能。撮影した写真は壁紙にも設定できる。

MMS

携帯電話のメールアドレスや電話番号にパケット回線を使ってメッセージを送受信するしくみ。＜メッセージ＞アプリから利用できる。写真や動画を添付したり、メッセージ内に絵文字を挿入したりできる。

Peek

画面を押す圧力に応じてさまざまな操作ができる、3D Touch 機能の 1 つ。画面を軽く押し込むように操作することで、メールなどのコンテンツをプレビューで確認できる。

Pop

画面を押す圧力に応じてさまざまな操作ができる、3D Touch 機能の 1 つ。Peek で表示したプレビューをさらに強めに押し込んで全画面表示にするなど、Peek と組み合わせて使うことが多い。

QRコード

2 次元コード方式の 1 つ。バーコードよりも数十倍〜数百倍の大容量データを収納できる。iPhone の場合は、＜QR コードリーダー＞アプリを使って情報を読み取ることが可能。

Safari

Apple が提供する、インターネット上の Web ページを検索・閲覧できる Web ブラウザ。iPhone に標準インストールされている。色や文字が美麗で、読みやすいのが特徴。

SIM

パケット通信や音声通話を行うために必要な IC チップ。入手するにはドコモなどのキャリアや格安 SIM 事業者との契約が必須。各 SIM には固有の番号が付けられている。

Siri

Apple の提供する音声アシスタント機能。アラームを設定したり、天気を教えてくれたり、特定の人に電話をかけたりと、Siri に話しかけるだけでさまざまな操作を代わりに行ってくれる。

SMS

電話番号を利用してメッセージを送受信できるメッセージサービス。送信可能な文字数は 70 文字まで、ファイルを添付できないなどの制約があるが、同じキャリア間なら送受信がすべて無料。

Spotlight

iPhone にインストールしているアプリや、写真・メールなどの各種データを検索できる検索機能。ホーム画面中央を下方向にスワイプすれば、Spotlight を呼び出せる。

用語集

ToDoリスト
やらなければならないことをリスト化したもの。仕事やプライベートを効率化するために用いる。iPhoneにはToDoリストを登録・管理できる＜リマインダー＞アプリが用意されている。

Touch ID
Appleの提供する指紋認証機能。ロック画面の解除や、アプリをインストールする際のパスワード入力を省略できる。最大5つまでの指紋を登録可能。

Wallet
クレジットカードやプリペイドカード、クーポン、ポイントカードなどを登録し、一括管理できるアプリ。カードなどを登録するには、Wallet対応アプリをインストールする必要がある。

Wi-Fi／無線LAN
無線で通信回線ネットワークに接続する技術のこと。Wi-Fi Allianceが認証した製品がWi-Fiを名乗れるが、ほとんどの製品が認証を得ているため、現在では無線LAN＝Wi-Fiとされている。

アクセシビリティ
iOSデバイスに標準搭載されている、身体に障がいのあるユーザーに向けた利用支援機能。VoiceOver（文字の読み上げ）やディスプレイの表示調整、スイッチコントロールなどがある。

アクティベーション
iOSデバイスが利用できるよう、有効化する設定のこと。購入後や初期化後、有効なSIMカードをデバイスに挿入し、アクティベーションを行う。

アルバム
写真や動画を管理する「写真」アプリの機能。撮影地やセルフィー、パノラマなどは自動分類され作成される。また、任意の写真をピックアップしてアルバムを新規作成することも可能。

イコライザ
曲を好みの音質に設定できる機能。「Pop」や「Jazz」など曲のジャンルに適した選択のほか、高音強調の「Treble Booster」や低音強調の「Bass Booster」などがある。

位置情報（サービス）
GPSを使って測定したiPhoneの位置に関する情報。各種アプリに位置情報を送信すれば、便利な機能や精度の高い情報を利用できるようになる。位置情報を利用するアプリは非常に多い。

ウィジェット
「今日の表示」に表示され、アプリからの情報を確認できる。アプリを起動しなくても天気をチェックしたり、カレンダーの予定などを確認できる。必要に応じて追加可能。

格安SIM
キャリアよりも格安の料金でパケット通信や音声通話を行えるSIM。パケット通信のみの「データ専用SIM」と、パケット通信と音声通話を利用できる「音声通話SIM」の2種類がある。

壁紙
ホーム画面やロック画面に表示される背景画像。iPhoneの雰囲気を自由に変更できる。最初から用意されている壁紙以外にも、撮影した写真など、自分の好きな画像も設定できる。

キーボード
iPhoneに文字入力をするための機能。フィーチャーフォンと同じように入力できる「テンキー」、パソコンと同じようにローマ字入力できる「フルキーボード」などが用意されている。

機内モード
通話やパケット通信など、各種通信機能をすべてオフにする機能。飛行機の離陸中など、通信が制限されている場所で利用する。有効になっている間はバッテリーの消耗を抑えることができる。

機能制限
iPhoneのペアレンタルコントロール機能。＜カメラ＞アプリや＜Safari＞アプリなど、特定のアプリや機能を使えないようにブロックしたり、利用を制限したりできる。

キャリア
正しくは第一種電気通信事業を認可された事業者を指す全般のことだが、一般的には「ドコモ」「au」「ソフトバンク」の3社を指す。3大キャリアとも呼ばれる。

クイックアクション
画面を押す圧力に応じてさまざまな操作ができる、3D Touch機能の1つ。ホーム画面でアプリのアイコンを強めに押すとメニューが表示され、指定したアプリの機能に直接アクセスできる。

コントロールセンター
画面の明るさ調整、Wi-FiやBluetoothのオン／オフ、アプリの起動など、よく使う機能にかんたんにアクセスできる。画面下端から上方向（iPhone Xでは画面右上から下方向）にスワイプすればいつでも呼び出せる。

サイレントスイッチ
着信音やバイブレーションが鳴らないように設定できるスイッチ。iPhone本体側面の左上に配置されている。スイッチのつまみを下に動かせば、オンとオフを切り替えられる。

サイレントモード

着信音や通知音を鳴らさないようにするモード。マナーモードともいう。サイレントスイッチをオンにすると、サイレントモードに切り替わる。ただし、サイレントモード中でもアラーム音は鳴る。

自動ロック

iPhoneを一定時間操作しない場合、バッテリーの消耗を抑えるために自動的にスリープ状態になる機能。自動ロックまでの時間は、＜設定＞アプリから変更できる。

指紋認証

自分の指紋を登録することで、画面ロックを解除したり、パスワードの入力を省略できるセキュリティ機能。iPhone 5s以降で、ホームボタンに指を置くことで利用できる。

スクリーンショット

端末で表示している画面を画像として保存できる機能。iPhoneの場合は、サイドボタン＋ホームボタン（iPhone Xではサイドボタン＋音量ボタンの上）を押せば撮影できる。撮影したスクリーンショットは＜写真＞アプリに保存される。

ストリーミング

ネットワーク回線を利用して、音楽や動画をダウンロードすることなく再生できる機能。端末の容量を節約できるが、品質や再生速度はインターネット環境に依存する。

ストレージ

データを保存できるハードウェアの領域のこと。iPhoneはSDカードを装着できないため、すべてのデータが内部ストレージに保存される。使用容量が増えると端末の動作にも影響が出るので注意したい。

スライドショー

複数の画像やスライドを、端末の画面に順番に表示していく機能。iPhoneの＜写真＞アプリにもこの機能が搭載されており、保存している写真を順番に表示して楽しめる。

スリープモード

画面が真っ暗になり、何も操作できなくなるモード。iPhoneでは、ホームボタンまたはサイドボタンを押し、パスコード入力など、指定された操作を行えばスリープモードを解除できる。

セルフタイマー

指定した時間を過ぎると、自動的にシャッターを切る、＜カメラ＞アプリの機能。3秒または10秒のいずれかを指定できる。自撮りや集合写真を撮影するときなどに重宝する。

タイマー

指定した時間を過ぎると通知音で知らせてくれる＜時計＞アプリの機能。時間は分単位で細かく設定できる。タイマー終了時の通知音も自分の好きなサウンドに変更可能。

タイムラプス動画

数秒～数分間隔で撮影した複数の写真をつなげ、コマ送りのように高速再生する動画。iPhoneの＜カメラ＞アプリにも搭載されている。時間の経過がわかるようなシーンで使うと、面白い動画を撮影できる。

着信音

メールの受信や電話の着信などをサウンドで知らせてくれる機能。＜設定＞アプリで自分の好きなサウンドに変更することも可能。また、音量は端末側面の音量ボタンで調整できる。

着信拒否

指定した電話番号からの着信を拒否できる機能。迷惑電話やいたずら電話の対策に有効。拒否した相手から着信があっても、着信履歴には残らない。キャリアによって設定方法が異なる。

着信履歴

着信した相手の電話番号や時間などの履歴を表示する＜電話＞アプリの機能。電話に出られなかった場合は履歴の＜不在着信＞タブで絞り込める。

通信速度

どれだけ早くデータを送受信できるかを表す目安のこと。数値が大きいほど通信速度が速いことを表している。「bps（bits per second）」という単位で表記する。

テザリング

iPhoneなどの端末をWi-Fiルーター代わりにし、パソコンやタブレットなどをインターネットに接続できるようにする機能。便利な機能だが、データ通信量の制限には注意したい。

デジタルフォトフレーム

デジタル写真をスライドショー形式で再生できるフォトフレーム。SDカードなど対応メディアを差し込むだけで写真を取り込める。デザインや機能などは商品によってさまざま。

電子書籍

オンライン書店で販売されているデジタル媒体の書籍。ダウンロードした電子書籍は、スマホやタブレット、電子ブックリーダーなどで読書できる。時間や場所を選ばず、好きな時に読書できる。

同期

2つ以上の異なる端末同士で、データやフォルダなどを同じ状態に保つこと。基本的に、データは最新のデータ側に統一される。

用語集

トラックパッド機能
平面上のセンサーをなぞることで、画面上のポインタ／カーソルを自由に移動できるデバイス。iPhoneの場合は文字入力時にキーボードを強めに押せば、同機能を利用できる。

バージョン
既存のOSやアプリなどを更新・改良するたびに付けられる管理番号のこと。一般的に、番号が大きいほど新しいことを表す。セキュリティ向上のため、新しいバージョンが出るたびに更新しておきたい。

バイブレーション
マナーモード中などに、メールの受信や電話の着信などを振動で知らせてくれる機能。バイブレーション発動の条件や振動パターンは、＜設定＞アプリから変更できる。

パケット
動画や写真などの大きいデータを分割して送受信する方式をパケット通信と呼び、分割したデータをパケットと呼ぶ。データが大きいほどパケット通信料が高くなる。

パスコード
再起動時やスリープモードを解除する際に必要なコード。パスコードの数字や文字は＜設定＞アプリから設定できる。iPhoneのセキュリティを向上させるためにも、必ず設定しておきたい。

パスワード
アプリの購入やバックアップなどをする際に求められる、Apple IDのパスワード。Apple IDの場合は、8文字以上の大文字・小文字を含む英数字を組み合わせて設定する。

バックアップ
「iTunes」または「iCloud」に、iPhoneのデータを保存すること。データをバックアップしておけば、端末故障時や機種変更時に、データを復旧することができる。

バッテリー
iPhoneに搭載されている蓄電池のこと。残量が0になると、充電しない限りiPhoneを使えなくなる。バッテリーの残量は画面右上のステータスアイコンで確認できる。

パノラマ写真
通常の写真には収まりきらない広範囲の被写体を分割撮影し、つなぎ合わせて横長または縦長の写真にする方法。＜カメラ＞アプリにもパノラマ写真を撮影できる機能が搭載されている。

非通知
電話番号を相手に通知せずかける方法。電話番号の先頭に「184」を付けてコールすると非通知になる。ただし、相手が非通知着信拒否に設定していると電話をかけられない。

ビデオ通話
iPhoneのカメラを利用し、相手の顔を見ながら会話ができる通話方法。iPhoneには、iOSデバイス間でビデオ通話できる「FaceTime」機能が搭載されている。

フォトストリーム
パソコンやiPhone、iPadで写真を自動的に同期する機能。フォトストリームをオンにして写真を撮影すると、Wi-Fiを経由して自動的にサーバーにアップされる。写真が保管される期間は30日間。

フォルダ
複数のファイルを収納し、整理できる保管場所のこと。iPhoneの場合はホーム画面のアプリアイコンを長押しし、ほかのアプリアイコンに重ねるようにドラッグするとフォルダを作成できる。

復元
iTunesまたはiCloudに保存しているバックアップデータをiPhoneにコピーして、各種データをもとに戻す機能のこと。故障や紛失、機種変更するときに利用する。

ブラウザ
インターネット上のWebページを検索・閲覧するためのアプリ。Webブラウザとも呼ばれる。iPhoneにはWebブラウザ＜Safari＞が標準インストールされている。

フリーズ
何らかの原因によって、iPhoneがいっさいの操作を受け付けなくなる状態のこと。端末の容量が足りない場合や、不具合がある場合に発生しやすい。強制終了／再起動するともとに戻ることがある。

プレイリスト
お気に入りの音楽や動画などを集めてリスト化し、リスト内の音楽や動画を再生できる機能。＜ミュージック＞アプリなどの音楽プレーヤーや、YouTubeなどの動画サイトに搭載されている。

ペアリング
iPhoneでBluetooth機器を使うために必要な設定作業。ペアリングは初回のみ。完了後はiPhoneにBluetooth機器がワイヤレス接続され、利用できるようになる。

ボイスメモ
Appleの提供するボイスレコーダーアプリ。iPhoneのマイクに音声を吹き込んで再生できる。不要な部分をカットし、編集できるトリミング機能も搭載している。

ホーム画面

すべての操作の基本となる待ち受け画面のこと。ここからアプリを起動したり、電話やメールを利用する。インストールしたアプリの数によって、複数のページが用意されている。

ホームボタン

iPhone X以外のiPhoneに搭載されている、本体のいちばん下に配置されている丸いボタンのこと。主にホーム画面に戻りたいときに使用する。また、指紋認証やスクリーンショットを撮影する際にも利用する。

マップ

Appleの提供する地図アプリ。目的地の位置やリアルタイムの交通状況を反映したルート、施設の情報、周辺の飲食店などを調べることができる。カーナビ代わりに利用することも可能。

マルチタッチディスプレイ

タッチパネルディスプレイにおいて、複数のポイントを同時に触れることでさまざまな操作ができるディスプレイのこと。iPhoneにも、マルチタッチをより進化させた3D Touchが搭載されている。

メモ

Appleが提供する簡易メモアプリ。複数のiOS端末とメモを共有したり、メールに添付してほかのユーザーに送信することも可能。キーボードのマイクボタンを押せば、音声入力もできる。

モバイルデータ通信

キャリア、または格安SIMのネットワークを使って通信を行うこと。モバイルデータ通信を行う際にはステータスバーに「LTE／4G／3G」と表示され、パケット通信料が発生する。

ユーザ辞書

文字入力ソフトによく使う単語や定型文を登録し、入力を簡略化できる機能。追加したい単語とその読みを登録すれば、文字入力時の変換候補に表示されるようになる。

容量

アプリや写真など各種データを入れられる量を意味する。「KB（キロバイト）」「MB（メガバイト）」などの単位で表す。数値が大きいほどたくさんのデータを保存できることを示す。

リサイクルプログラム

不要になったApple製の端末を下取りし、リサイクルするサービス。Apple Storeまたは公式サイトで申し込みできる。状態がよい場合は、Apple Storeギフトカードをもらえる。

リセット

iPhoneを初期状態に戻すことを意味する。iPhoneには6種類のリセット方法が用意されており、工場出荷時の状態に戻すだけでなく、特定の設定やデータだけを初期状態に戻せる。

リダイヤル

直前にかけた電話番号にかけ直すことができる＜電話＞アプリの機能。「キーパッド」に切り替え、電話番号を入力せずに発信ボタンを押せば、自動的にリダイヤルできる。

リマインダー

Appleの提供するタスク管理アプリ。やらなければならないこと（タスク）を登録してリスト化し、管理できる。完了したタスクは非表示にし、見やすく整理できる。

ルート検索

リアルタイムの交通状況を反映した目的地までのルートを検索し、案内してくれる＜マップ＞アプリの機能。ルートは「車」「徒歩」「交通機関」の3つの交通手段から選択できる。

留守番電話サービス

不在着信や電源がオフになっている際に、電話をかけてきた人が音声メッセージを録音できるサービス。キャリアとの契約によっては利用できないこともある。格安SIMでは実施していないことが多い。

留守番電話メッセージ

留守番電話サービスに録音された音声メッセージのこと。録音可能時間や保存期間、再生方法は契約キャリアによって異なるので、確認しておきたい。

レーティング

Apple Storeで配信されているアプリに設定されている対象年齢のこと。Apple Storeでは「4+」「9+」「12+」「17+」の4種類のレーティングを採用している。

ロック画面

第三者に操作されないよう、入力が制限されている状態のこと。スリープ画面からの復旧時に表示される。ロック画面からアプリの通知を確認したり、カメラアプリを呼び出すことも可能。

割込通話

通話中にほかの相手から着信があったときに、通話中の電話を保留にして、あとからかけてきた人と通話できるサービス。利用するには別途サービスに申し込まなければならない場合があるので、利用の前に確認しておきたい。

ワンセグ

スマートフォンでテレビの地上デジタル放送を視聴できる機能。iPhoneには搭載されていないため、別途アンテナ代わりになるワンセグチューナーを利用する必要がある。

Index

数字・アルファベット

3D Touch	26
4K 動画	135
AirDrop	137
AirPlay	148
AirPods	142
Apple ID	206
Apple Music	149
Apple Pay	215
App Store	178
App 内課金	181
au サポート	219
Bcc	102
Bluetooth	219
Cc	102
EarPods	142
English（Japan）キーボード	60
Evernote	186
E メール	92
E メール（i）	94
Facebook	189
FaceTime	169
FaceTime HD カメラ	24
Gmail	184
Google Map	185
GPS	42
HDR 撮影	118
iBooks	176
iCloud	196
iCloud.com	202
iCloud Drive	201
iCloud バックアップ	199
iCloud フォトライブラリ	198
iCloud メール	197
iMessage	90
Instagram	193
iPhone	20
iPhone ストレージ	209
iPhone のリカバリモード	229

iPhone ユーザガイド	22
iPhone を買い替える	227
iPhone を修理	228
iTunes	140, 154
iTunes Store	140
iTunes カード	153
Kindle	185
LAWSON Wi-Fi サービス	75
LED ライト	220
Lightning - 3.5mm ヘッドフォンジャックアダプタ	142
Lightning - USB ケーブル	21
Lightning コネクタ	24
LINE	191
Live Photos	121
MMS	90
My docomo（お客様サポート）	219
My SoftBank	219
Office Suite	186
PC メール	99
PDF	176
Peek	26
Pop	26
Safari	79
Siri	175
SMS	90
Spotlight	41
SSID	74
Suica	215
ToDo	168
Touch ID	24, 210
Twitter	188
UQ mobile	228
Wallet	215
Web ページを更新	80
Web メール	98
Wi2 300	75
Wi-Fi スポット	75
Wi-Fi ルーター	74
Windows 用 iCloud	202

236

Yahoo! メール	98
Y!mobile	228
YouTube	184

あ行

アイコン	35
青空文庫	186
アップデート	182
アニ文字	110
アプリ	37, 178
アプリ内購入	181
アプリの評判	179
アプリのランキング	178
アプリを削除	183
アプリを終了	183
アプリを制限	213
アメリカ放題	208
アラーム	171
アルバム	127
案内メール	165
イコライザ	146
位置情報サービス	42
位置情報を付加	119
インストール	180
インターネット共有	78
引用	106
ウィジェット	33
映画をレンタル	154
閲覧履歴	88
絵文字	69
絵文字キーボード	60
応答	44
応答メッセージ	56
おやすみモード	47
音声入力	72
音声メモ	172
音量	34
音量ボタン	24

か行

海外	208
海外ダブル定額	208
解像度	134
開封証明	110
顔文字	69
拡大鏡	66
格安 SIM	228
片手で操作	208
壁紙	38
カメラ	116
カメラロール	120
画面の向き	33
画面表示と明るさ	40
画面を固定	33
カレンダー	164
漢字に変換	64
キーパッド	44
キーボード	60
既読	104
機内モード	42
機能制限	213
キャリアメール	90
曲を検索	144
拒否	44
クイックアクション	27
繰り返しの予定	164
クレジットカードを追加	217
経路	162
検索エンジン	86
検索フィールド	79
検索履歴	88
公衆無線 LAN サービス	75
個人情報	209
コピー＆ペースト	65
コンテンツブロッカー	85
コントロールセンター	39
コンピュータを認証	158

237

Index

さ行

再ダウンロード	181
サイドボタン	24
サインアウト	198
サムネイル	119
辞書	86
下書きを保存	103
自動大文字入力	72
自動ダウンロード	158
自動ロック	32
支払い情報	209
自分の写真を撮影	132
自分の電話番号	58
指紋認証	210
指紋を削除	212
写真	116
写真や動画をメールに添付	107
写真を削除	122
写真を編集	124
終日イベント	164
充電	25
出荷時の状態	221
出席依頼	165
受話音量	52
消音	46
初期化	221
署名	102
数字入力モード	68
ズーム	117
スクリーンショット	218
ストリーミング	152
ストレージプラン	201
スライド	26
スリープモード	31
スワイプ	26
セットアップ	28
セルフタイマー	117

た行

タイマー機能	171
タイムラプス動画	134
タッチ	26
タップ	26
着信音	45
着信拒否	49
着信／サイレントスイッチ	24
通知	39
手書きメッセージ	112
テザリング	78
デジタルフォトフレーム	121
デフォルトアカウント	100
電源をオフ	30
電子書籍	176
電卓	171
添付ファイル	105
電話	44
動画を削除	137
動画を撮影	132
同期	196
ドコモメール	96
ドラッグ	26
トリミング	124, 136

な行

ナビゲーション	163
日本語かなキーボード	60
日本語ローマ字キーボード	60

は行

バージョンアップ	222
バイブレーション	46
パス	216
パスコード	213
バックアップから復元	200
バックアップを削除	200
バッテリー	226
パノラマ写真	118

バルーン	69
ピープル	138
非通知	58
ビデオ通話	169
標準のアプリ	224
ピンチ	26
ピンチオープン	26
ピンチクローズ	26
ピント	117
フォルダ	36
吹き出しメニュー	70
ブックマーク	87
プライベートブラウズモード	84
フリーズ	227
フリック入力	62
プレイリスト	143
プレビュー表示	120
紛失モード	204
ヘルスケア	173
変換候補	64
変換履歴	64
ボイスメモ	172
ホーム画面	35
ホームボタン	24
保留	46

ま行

マイフォトストリーム	130, 197
マップ	160
マルチタッチ画面	24
ミュージック	142
無線 LAN	74
迷惑メール	100
メールに返信	106
メールボックス	103
メールを削除	104
メールを作成	101
メールを転送	106
メッセージ	108

メッセージ機能をオフ	114
メッセージに写真や動画を添付	110
メッセージに返信	111
メッセージを削除	113
メディカル ID	173
メモ	172
メモリー	138
文字を削除	65
モバイルデータ通信	78

や行

ユーザ辞書	71
有料アプリ	179

ら・わ行

ライブラリ	145
楽天モバイル	228
ランダム再生	144
リアクション	112
リーダー	81
リーディングリスト	87
リサイクルプログラム	227
リダイヤル	48
リピート再生	144
リマインダー	168
料金プラン	21
履歴	48, 82
リンクを作成	87
ルート検索	161
留守番電話	54
レシーバー	24
レビュー	179
連絡先	50
露出	117
ロック画面	31
ワイヤレス充電	25
割込通話	53

■ お問い合わせについて

本書に関するご質問については、本書に記載されている内容に関するもののみとさせていただきます。本書の内容と関係のないご質問につきましては、一切お答えできませんので、あらかじめご了承ください。また、電話でのご質問は受け付けておりませんので、必ず FAX か書面にて下記までお送りください。
なお、ご質問の際には、必ず以下の項目を明記していただきますようお願いいたします。

1 お名前
2 返信先の住所または FAX 番号
3 書名（今すぐ使えるかんたん　iPhone 完全ガイドブック　困った解決＆便利技　[iPhone X/iPhone 8/iPhone 8 Plus 対応版]）
4 本書の該当ページ
5 ご使用の機種・OS のバージョン
6 ご質問内容

なお、お送りいただいたご質問には、できる限り迅速にお答えできるよう努力いたしておりますが、場合によってはお答えするまでに時間がかかることがあります。また、回答の期日をご指定なさっても、ご希望にお応えできるとは限りません。あらかじめご了承くださいますよう、お願いいたします。

■ 問い合わせ先

〒 162-0846
東京都新宿区市谷左内町 21-13
株式会社技術評論社　書籍編集部
「今すぐ使えるかんたん　iPhone 完全ガイドブック
困った解決＆便利技　[iPhone X/iPhone 8/iPhone 8 Plus
対応版]」質問係
FAX 番号　03-3513-6167
URL：http://book.gihyo.jp

今すぐ使えるかんたん
iPhone 完全ガイドブック
困った解決＆便利技 [iPhone X/
iPhone 8/iPhone 8 Plus 対応版]

2017 年 12 月 26 日　初版　第 1 刷発行
2018 年　2 月 14 日　初版　第 2 刷発行

著　者●リンクアップ
発行者●片岡　巌
発行所●株式会社 技術評論社
　　　　東京都新宿区市谷左内町 21-13
　　　　電話　03-3513-6150　販売促進部
　　　　　　　03-3513-6160　書籍編集部
カバーデザイン●岡崎　善保（志岐デザイン事務所）
本文デザイン／ DTP ●リンクアップ
編集●リンクアップ
担当●鷹見　成一郎
製本／印刷●大日本印刷株式会社

定価はカバーに表示してあります。

落丁・乱丁がございましたら、弊社販売促進部までお送りください。交換いたします。
本書の一部または全部を著作権法の定める範囲を超え、無断で複写、複製、転載、テープ化、ファイルに落とすことを禁じます。

©2017 技術評論社

ISBN978-4-7741-9426-4 C3055
Printed in Japan

■ お問い合わせの例

FAX

1 お名前

技術　太郎

2 返信先の住所または FAX 番号

03-XXXX-XXXX

3 書名

今すぐ使えるかんたん
iPhone 完全ガイドブック
困った解決＆便利技
[iPhone X/iPhone 8/
iPhone 8 Plus 対応版]

4 本書の該当ページ

56 ページ

5 ご使用の機種・OS のバージョン

iPhone 8
iOS 11

6 ご質問内容

手順 2 の画面が
表示されない

質問の際にお送り頂いた個人情報は、質問の回答に関わる作業にのみ利用します。回答が済み次第、情報は速やかに破棄させて頂きます。